检测操作技术

JIANCE CAOZUO JISHU

主　编◎刘　岚
副主编◎李学飞

重庆大学出版社

内容提要

本书以操作技术为主线,体现企业对环境检测工、职业卫生检测工、化工检验工、食品检验工的工作能力要求,体现课证融合的特点。本书将教学内容模块化,包括:实验室规则及安全知识、实验室用水、玻璃仪器的认知与操作、天平及其使用、化学试剂和溶液配制、试样的采集、预处理和保存、实验室辅助设备、分析测试的质量保证等相关内容,强化操作性、实用性,并尽可能反映检测操作技术的新技术和新成果。

本书可作为高职高专环境监测技术、职业卫生检测、食品营养与检测、食品加工技术等专业的教学用书,也可作为环境检测机构、食品企业、质量管理部门等相关人员的参考用书。

本书配有课件、习题答案等数字资源,选取了具有典型性、实用性的优质资源,以二维码的形式呈现,供使用者即扫即用。

图书在版编目(CIP)数据

检测操作技术 / 刘岚主编. -- 重庆:重庆大学出版社,2023.5
ISBN 978-7-5689-3743-6

Ⅰ. ①检… Ⅱ. ①刘… Ⅲ. ①检测—教材 Ⅳ.
①TB4

中国国家版本馆 CIP 数据核字(2023)第 055309 号

检测操作技术

主 编 刘 岚
副主编 李学飞
策划编辑:范 琪

责任编辑:文 鹏 版式设计:范 琪
责任校对:刘志刚 责任印制:张 策

*

重庆大学出版社出版发行
出版人:饶帮华
社址:重庆市沙坪坝区大学城西路 21 号
邮编:401331
电话:(023)88617190 88617185(中小学)
传真:(023)88617186 88617166
网址:http://www.cqup.com.cn
邮箱:fxk@ cqup.com.cn(营销中心)
全国新华书店经销
重庆愚人科技有限公司印刷

*

开本:787mm×1092mm 印张:12.5 字数:307 千
2023 年 5 月第 1 版 2023 年 5 月第 1 次印刷
ISBN 978-7-5689-3743-6 定价:48.00 元

前　言

　　"检测操作技术"是高职高专环境类检测、职业卫生检测、食品类、化工类专业的一门必修的技术应用性专业基础课。本课程可训练学生规范熟练的操作能力,培养实验素养和素质,为后续专业课以及从事环境类检测、职业卫生检测、食品检测和化工产品检测奠定基础。本书是根据高职高专环境检测、环境工程、职业卫生检测、化工产品检验、食品加工技术、食品营养与检测、化工类专业人才培养目标的要求,以基础化学实验技术、仪器设备的使用、基本的操作技术为主线形成知识体系,按"必需、够用"构建内容,同时将党的二十大报告中的新思想、新观点、新论断,融入实践,用学生听得懂、学得会、用得上的新方式方法,充分体现实际、实践、实用的原则。

　　本书具有以下特点:

　　①教学目标是懂原理、会操作、会综合运用所学知识,教、学、做一体化。

　　②打破原有学科课程体系,形成知识与能力、知识与技能综合的课程体系。课程体系涵盖了实验室规则及安全知识、检测操作技术基础知识、化学检验分析技术、仪器分析在检测操作技术中的应用、检测操作技术分析测试的质量保证基本操作及理论知识,反映了检测操作技术的基本能力,体现了新仪器、新设备、新技术、新方法。

　　③项目知识目标、能力目标、思考与练习、技能训练等引导学生有的放矢地学习。

　　④编写内容体现科学性、先进性,重点突出,深浅度与现有检测技术实验室技术水平相吻合,删除了性质实验和验证性实验,理论联系实际,让学生学以致用。

　　⑤技能训练选择典型、简洁、微型、示范性强、直观、符合环保及经济的实验项目。

　　⑥在实验室中按由简单到复杂的步骤学习掌握实验检测操作技术,强化素质培养。

　　⑦强调实验方法、原理的理解和实验技术的训练掌握,重点培养学生的科学素质和应用技术能力。

　　⑧学训结合,立足标准,实用性强。

　　本书服务于环境检测工、食品检测工、职业卫生检测工等职业技能等级证书,立足考核标准,具有较强的实操性。

　　本书为了更好地体现环境专业、职业卫生检测专业、化工专业、食品专业高职教学体系特点,在编写过程中极力贯彻高等性、创新性、实践性、顶岗性等原则,考虑各方面的不同需要,力求通俗易懂、简便易行,既有利于高等职业技术院校的教学工作,又便于企业人员实际操作,并对生产实际有参考、指导作用。本书可作为高职高专环境检测技术、职业卫生检测、化工产品检验、食品营养与检测专业、食品加工技术等专业的教学用书,也可作为环境检测机构、食品企业、质量管理部门等相关人员的参考用书。

　　本书由甘肃林业职业技术学院刘岚担任主编,甘肃林业职业技术学院李学飞担任副主编。具体编写分工如下:甘肃林业职业技术学院祁佳编写项目一、项目七;甘肃林业职业技术学院刘岚编写项目二、项目五、项目九(实训四、实训七);甘肃林业职业技术学院王瑞君编写项目三(任务一至任务六)、项目六、项目九(实训二);山东科技职业学院韩德红编写项目三(任务七至任务九);甘肃林业职业技术学院李学飞编写项目四、项目九(实训六);甘肃林业职业技术学院张劲宇编写项目八、项目九(实训一);兰州石化技术大学田红编写项目九(实训三);兰州职业技术学院朱丽君编写项目九(实训五)。

　　本书在编写过程中,参考了许多国内同行的论著及部分网上资料,材料来源未能一一注明,在此向原作者表示诚挚的感谢。由于编者知识水平和条件有限,书中错误在所难免,恳请各位同仁和读者批评指正,以便进一步修改、完善。

编者
2022 年 12 月

目 录

项目一

实验室规则及安全知识

◇**知识目标**

- 熟悉实验室规则及安全守则。
- 掌握安全用电常识。
- 了解危险品的使用及实验室救护常识。
- 了解实验室废弃物的环保处理方式。

◇**能力目标**

- 能遵守实验室规则,规范实验室安全。
- 能养成安全用电的良好习惯。
- 能认识到危险化学品的毒害并且掌握急救常识。
- 能正确地对实验室废弃物进行环保处理。

◇**思政目标**

- 安全为主,预防第一。
- 安全防护意识的培养与提升。

在实验室中,操作者经常与毒性很强、有腐蚀性、易燃烧和具有爆炸性的化学药品直接接触,经常使用易碎的玻璃和瓷质器皿,以及在有煤气、水、电等设备的环境下进行着紧张而细致的工作,必须重视安全工作。

任务一　实验室规则

基础化学实验室规则是保证正常实验环境和秩序、防止意外事故发生、做好实验的前提,必须严格遵守。

①进入实验室必须穿着实验服,明确实验任务。

②熟悉实验室的环境及布局情况,熟悉灭火器材、急救药箱放置的地方和使用方法,严格

遵守实验室的安全守则和每个具体实验操作中的安全注意事项,充分考虑防止事故发生和发生后所采用的安全措施。如有意外事故发生,应报请指导老师处理。

③实验前应做好一切准备工作,如清楚实验的目的、要求和原理及实验仪器的结构、使用方法和注意事项,复习教材中的有关章节,预习实验指导书并写好预习报告。

④实验前先检查试剂、仪器是否齐全,根据仪器清单领取所需仪器。实验中如有损坏应及时填写报损单并补领。实验结束时要按清单交还仪器。做规定以外的实验应先经指导老师允许。

⑤实验中不准大声喧哗,不得到处走动,要严格按照规范操作,仔细观察现象,认真思考,及时如实地将实验现象和数据记录在实验报告本上。根据原始记录,认真分析问题、处理数据,根据不同的实验要求写出不同格式的实验报告,并及时交给指导老师。因故缺席未做的实验应补做。

⑥实验台上的仪器应整齐地放在固定的位置上。实验中,火柴梗、废纸、碎玻璃等应投入物箱中,以保持实验室的整洁。清洗仪器或实验过程中的废酸、废碱等,应小心倒入废液缸内。切勿往水槽中乱抛杂物,以免堵塞和腐蚀水槽及水管。

⑦爱护国家财物,小心使用仪器和实验设备,注意节约水、电和煤气。每人应取用自己的仪器,不得动用他人的仪器。公用仪器和临时共用的仪器用毕应洗净,并立即送回原处。

⑧按规定的量取用药品,注意节约。称取药品后,及时盖好原瓶盖。放在指定地方的药品不得擅自拿走。不得将瓶盖、滴管盖乱放,以免污染试剂。所有配好的试剂都要贴上标签注明名称、浓度及配制日期。贵重公用仪器(如天平)使用前要认真检查,如发现部件短缺或性能不正常,应停止使用,及时报告教师。

⑨实验后,应将所用仪器洗净并整齐地放回柜内。实验台及试剂架必须擦净,最后关好水和煤气开关。检查仪器、桌面,然后离开实验室。

⑩每次实验后打扫和整理实验室,并检查水、煤气开关是否关闭,门、窗是否关紧,电是否断开,以保证实验室的整洁和安全。检查合格后,方可离开实验室。

任务二　实验室安全守则

在基础化学实验室会接触很多易燃易爆、具有腐蚀性或毒性(甚至有剧毒)的化学药品,使用易破碎的玻璃仪器、电气设备及煤气等,容易造成触电、火灾、爆炸以及其他伤害性事故。要保护实验人员的安全和健康,保障设备财产完好,防止环境污染,保证实验室工作有效进行,进入基础化学实验室必须严格遵守实验室安全守则。

①必须了解实验室环境,充分熟悉实验室中水、电、煤气、天然气的开关,消防器材、沙箱以及急救药箱等的位置和使用方法,一旦遇到意外事故,即可采取相应措施。

②不允许随意混合各种化学药品,以免发生意外事故。

③实验室严禁饮食、吸烟或存放餐具,不可用实验器皿盛放食物,也不可用茶杯、食具盛放药品,一切化学药品禁止入口。实验室中的药品或器材不得随便带出实验室。实验完毕要洗手。离开实验室时,要关好水、电、天然气、门窗等。

④用电应遵守安全用电规程。不能用湿手接触电源,水、电、气、高压气瓶等使用完毕应

立即关闭。点燃的火柴用后应立即熄灭。

⑤对高压钢瓶、电气设备、精密仪器等,在使用前必须熟悉其使用方法和注意事项,严格按要求使用。使用天然气时,燃气阀门应经常检查,严防泄漏。发现漏气,应立即熄灭室内所有火源,打开门窗。使用天然气灯加热时,火源应远离其他物品,操作人员不得离开,以防漏气。用毕应关闭燃气管道上的小阀门,离开实验室时还应再检查一遍,以确保安全。

⑥一切有毒药品(如氰化物、砷化物、汞盐、铅盐、钡盐、六价铬盐等)使用时应格外小心,严防进入口内或接触伤口。凡涉及有毒、有刺激性气体的操作,一定要在通风处进行。取用剧毒物质时,必须有严格的审批手续,按量领取,剩余的药品或废液切不可倒入下水道或废液桶中,要倒入回收瓶中,并及时加以处理。处理有毒药品时,应戴护目镜和橡胶手套。

⑦对易燃易爆物品必须根据需要领取,使用时要远离火源,用后应将瓶塞盖紧,放在阴凉处保存,并严格按操作规程操作。某些容易爆炸的试剂如浓高氯酸、有机过氧化物、芳香族化合物、多硝基化合物、硝酸酯、干燥的重盐等要防止受热和敲击。实验中,必须严格遵守操作规程,以防爆炸。

⑧加热或浓缩液体,一般都应在通风的电热板上进行。在电炉上加热时,可垫上石棉铁丝网,以防过热或暴沸,造成不必要的损失。

⑨使用浓酸、浓碱、溴、铬酸洗液等具有强腐蚀性的试剂时,切勿溅在皮肤和衣服上。如溅到身上应立即用水冲洗,溅到实验台上或地上时,要先用抹布或拖把擦净,再用水冲洗干净,要注意保护眼睛,必要时应戴上防护眼镜。

⑩如受化学灼伤,应立即用大量水冲洗皮肤,同时脱去被污染的衣物。眼睛受化学灼伤或异物入眼,应立即将眼睁开,用大量水冲洗,至少持续冲洗 15 min。如被烫伤,可在烫伤处抹上黄色的苦味酸溶液或烫伤软膏,严重者应立即送医院治疗。

⑪实验进行时,不准随意离开岗位,要常注意反应进行的情况和装置有无漏气、破裂等现象。

⑫倾注试剂、开启易挥发的试剂瓶(如乙醚、丙酮、浓盐酸、硝酸、氨水等试剂瓶)及加热液体时,不要看容器口,以防液体溅出或气体冲出伤人。加热试管中的液体时,切不可将管口对着自己或他人。不可用鼻孔直接对着瓶口或试管口闻气体的气味,而应用手把少量气体轻轻扇向鼻孔进行。

任务三　安全用电知识

①基础化学实验中加热、通风、使用电气设备、自动控制等都要用电。用电不当极易引起火灾,对人体造成伤害。使用电气设备前,先阅读产品使用说明书,熟悉设备电源接口标记和电流、电压等指标,核对是否与电源规格相符合,只有在完全吻合的情况下才可正常安装使用。

②操作电气设备时,不能用湿手操作或接触电源,不得将湿物放在电气设备上,更不能将水洒在电气设备或线路上,严禁用铁柄毛或湿抹布清理电气设备和开关,电气设备附近严禁放置食物和其他用品,以免导电燃烧。

③要求接地或接零的电器,应做到可靠的保护接地或保护接零,并定期检查是否正常良

好,一切电器、线路均应有良好的绝缘。

④为了防止超负荷工作或局部短路,有些电气设备或仪器要求加装各种熔断器,它们大都由铅、锡、锌等材料制成,必须按要求选用,严禁用铁、铜、铝等金属丝代替。

⑤初次使用或长期不用的电气设备在使用前,必须检查线路、开关、地线是否安全并且先用试电笔试验是否漏电,只有在不漏电时才能正常使用。为防止人体触电,电气设备应安装漏电保护器。不使用电气设备时,要及时拔掉插头使之与电源脱离。不用电时要拉闸,修理检查电气设备要切断电源,严禁带电操作。电气设备发生的故障在原因不明之前,切忌随便打开仪器,以免发生危险,损坏电气设备。

⑥电压波动大的地区,电气设备等仪器应加装稳压器,以保证仪器安全,使实验在稳定状态下进行。使用直流电源设备,千万不要把电极接反。设备仪器以及电线的线头都不能裸露,以免造成短路,裸露的地方必须用绝缘胶带包好。有人受到电伤害时,要立即用不导电的物体把电线从触电者身上挪开,切断电源,把触电者转移到空气流通的地方进行人工呼吸,并迅速与医院联系。

⑦在安装仪器或连接线路时,电源线应最后接上。在结束实验拆线时,电源线应首先断开。

任务四　危险品的使用

一、易燃易爆化学品

易燃易爆化学品使用时应防止燃烧和爆炸。爆炸的危险性主要是针对易燃的气体和蒸气而言。可燃气体或可燃液体的蒸气在空气中使火焰蔓延的最低浓度(体积百分数)称为爆炸下限,使火焰蔓延的最高浓度(体积百分数)称为爆炸上限。可燃气体或可燃液体的蒸气在空气中的浓度(体积百分数)处于爆炸下限与爆炸上限之间时,遇到火源就会发生爆炸,这个浓度范围称为爆炸极限。如果可燃气体或可燃液体的蒸气在空气中的浓度低于爆炸下限,遇到火源会爆炸,不会燃烧;高于爆炸上限,遇到火源虽不会爆炸,但能燃烧。常见可燃气体或可燃液体的蒸气与空气混合时的爆炸极限见表1.1。

表1.1　常见可燃气体或可燃液体的蒸气与空气混合时的爆炸极限(体积百分数,%)

名称	爆炸下限	爆炸上限	名称	爆炸下限	爆炸上限
氨	15.5	27.0	乙烷	3.2	12.5
甲烷	5.0	15.0	乙烯	2.8	28.6
乙醇	3.3	19.0	氢	4.1	75
甲苯	1.3	6.8	苯	1.4	7.6
氧化碳	12.5	75	丙烯	2.0	11.1
丙酮	2.6	12.8	氯丁烷	1.9	10.1
甲醇	6.7	36.5	甲乙醚	2.0	10.0

　　燃烧的危险性是针对易燃液体和易燃固体而言的。固体的燃烧危险度一般以燃点高低来区分。一级易燃固体有红磷、硝化纤维、二硝基化合物等;二级易燃固体有硫黄、镁粉、樟脑等。可燃性物质在没有明火作用的情况下就能发生燃烧的现象称为自燃,发生自燃的最低温度称为自燃温度,如黄(白)磷 34～35 ℃,乙醚 170 ℃等。液体、固体在低温下能自燃,危险性更大闪点是液体易燃性分级的标准,易燃和可燃液体易燃性分级见表 1.2。

表 1.2　易燃和可燃液体易燃性分级

类别	级别	闪点/℃	举例
易燃液体	一级	低于 28	汽油、苯、酒精
	二级	28～45	煤油、松香油
可燃液体	三级	45～120	柴油、硝基苯
	四级	高于 120	润滑油、甘油

　　易燃易爆化学品使用注意事项如下:

　　①实验室内不能大量存放易燃易爆物,药品库中少量存放易燃易爆物要密闭存放在阴凉背光和通风处,并远离火源、电源及暖气。

　　②实验室使用易燃易爆物时,实验必须在远离火源的地方或通风橱中进行。对易燃液体加热不能直接用明火,必须用水浴、油浴或可调节电压的加热包。

　　③蒸馏、回流可燃液体,须防止局部过热产生暴沸溢出着火。

　　④用过和用剩的易燃品不得倒入下水道,必须设法收回。含有有机溶剂的废液、燃烧着的火柴头不能丢入废物篓内,应将它们埋入地下或经过燃烧除去。

　　⑤金属钾、钠、钙等易遇水起火爆炸,须保存在煤油或液体石蜡中。黄磷保存在盛有水的玻璃瓶中。银氨溶液久置后会产生爆炸物质,不能长期存放。

　　⑥强氧化剂和过氧化物与有机物接触,极易引起爆炸起火。混合危险一般发生在强氧化剂和还原剂间,严禁将它们随意混合或放在一起。

二、强腐蚀性药品的使用

　　高浓度的硫酸、盐酸、硝酸、强碱、溴、苯酚、三氯化磷、氯化氢、浓有机酸等都有极强的腐蚀性,溅到人体皮肤上会造成严重伤害,对一些金属材料会产生破坏作用。

　　①使用强腐蚀性药品须戴防护眼镜和防护手套。

　　②使用前应熟悉药品性质,操作和使用须严格按要求进行。例如,配制氢氧化钠溶液,碱溶于水大量放热,绝不能在小口瓶或量筒中进行,必须在烧杯中进行,以防止容器受热破裂造成事故;稀释硫酸时必须慢且充分搅拌,应将浓硫酸注入水中。

　　③强腐蚀性药品溅到桌面或地上,可用沙土吸收,然后用大量水冲洗,切不可用纸片、布清除。

三、有毒化学品的使用

　　根据毒物的半致死剂量或半致死浓度(LD_{50})、工作场所最高允许浓度等指标全面权衡,将我国常见的 56 种毒物的危害程度分为 4 级。表 1.3 列出了毒物危害程度分级依据。表 1.4 列出了具体毒物危害程度级别。

有毒化学品使用注意事项如下：

①剧毒药品应指定专人收发保管,使用时有人监督。

②取用有毒药品必须完善个人防护,穿防护服,戴防护眼镜、防护手套、防毒面具或防毒口罩,穿长胶鞋等。严防毒物从口、呼吸道、皮肤特别是伤口侵入人体。

③制取、使用有毒气体必须在通风中进行,多余的有毒气体应先经化学吸收后再排空。

④有毒的废液残渣不得乱丢乱放,必须进行妥善处理。

⑤装置应尽可能密闭,防止实验中冲、溢、跑、冒等事故。绝对不能进行危险操作。尽量使用最小剂量完成实验。毒物量较大时,应按照工业生产要求采取各种安全防护措施。

表 1.3   毒物危害程度分级依据

指标	分级			
	I	II	III	IV
	极度危害	高度危害	中度危害	轻度危害
急性中毒 吸入 $LC_{50}/(mg \cdot m^{-3})$ 经皮肤 $LD_{50}/(mg \cdot kg^{-1})$ 经口 $LD_{50}/(mg \cdot kg^{-1})$	<200 <100 <25	200～2 000 100～500 25～500	2 000～20 000 500～2 500 500～5 000	>20 000 >2 500 >5 000
急性中毒状况	易发生中毒,后果严重	可发生中毒,预后良好	偶发中毒	未见中毒,但有影响
慢性中毒状况	患病率>5%	患病率<5%或症状发生率>20%	偶发中毒或症状发生率>10%	未见中毒,但有影响
中毒后果	脱离接触后继续进展或不能治愈	脱离接触后可基本治愈	脱离接触后可恢复,无严重后果	脱离接触后能自行恢复,无不良后果
致癌性	人体致癌物	可使人体致癌	实验动物致癌	无致癌性
最高容许浓度 /(mg · m^{-3})	<0.1	0.1～1.0	1.0～10.0	>10.0

表1.4 毒物危害程度级别

级别	毒物名称
Ⅰ级(极度危害)	汞及其化合物、苯及其无机化合物(非致癌的除外)、氯乙烯(单体)、铬酸盐及重铬酸盐、黄磷及其化合物、对硫磷、羰基镍、八氟异丁烯、氯甲醛、锰及其无机化合物、氰化物
Ⅱ级(高度危害)	三硝基甲苯、铅及其化合物、二硫化碳、氯气、丙烯腈、四氯化碳、硫化氢、甲醛、苯胺、氟化氢、五氯酚及其钠盐、镉及其化合物、敌百虫、钒及其化合物、溴甲烷、硫酸二甲酯、金属镍、甲苯二异氰酸脂、环氧氯丙烷、砷化氢、敌敌畏、光气、氯丁二烯、一氧化碳、硝基苯
Ⅲ级(中度危害)	苯乙烯、甲醇、硝酸、硫酸、盐酸、甲苯、三甲苯、三氯乙烯、二甲基甲酰胺、六氟丙烯、苯酚、氮氧化物
Ⅳ级(轻度危害)	溶剂汽油、丙酮、氢氧化钠、甲氟乙烯、氨

任务五 实验室救护常识

一、玻璃割伤

伤口内有玻璃碎片,应先取出,若伤势不重,让血流片刻,再用消毒棉花和双氧水洗净伤口,涂碘酒、红药水、紫药水或贴上创可贴后包扎好;若伤口深,流血不止,可在伤口上下10 cm处用布扎紧,减慢流血,有助血凝,并立即就医。

二、烫伤

切勿用水冲洗,更不要把水泡挑破,可在伤处用 $KMnO_4$ 溶液擦洗或涂上黄色的苦味酸溶液、玉树油、鞣酸油膏、烫伤膏或万花油。严重者应立即送医院治疗。

三、误食毒物

溅入口中而尚未咽下的应立即吐出来,用大量水冲洗口腔;如果已经吞下,应立即服用肥皂液、蓖麻油,或服用一杯含 $5\sim10$ mL 5% $CuSO_4$ 溶液的温水,并用手指伸入咽喉部,以促使呕吐,然后立即送医院治疗。

①腐蚀性毒物中毒。对强酸,先饮大量的水,再服氢氧化铝膏、鸡蛋白;对强碱,先饮大量的水,然后服用醋、酸果汁、鸡蛋白。酸或碱中毒都需灌注牛奶,不要吃呕吐剂。

②刺激性及神经性中毒。先服牛奶或鸡蛋白使之缓和,再服用硫酸镁溶液(约30 g溶于一杯水中)催吐,有时可以用手指伸入咽喉部催吐后,立即送医院。

③吸入刺激性气体或有毒气体。将中毒者搬到室外,解开衣领及纽扣。吸入少量氯气和溴气者,可吸入少量酒精和乙醚的混合蒸气以解毒或用碳酸氢钠溶液漱口。吸入 H_2S、煤气而感到不适时,应立即到室外呼吸新鲜空气。

四、化学灼伤

由化学物质直接接触皮肤所造成的损伤均属于化学灼伤。常见的化学灼伤急救处理方法见表1.5。

抢救时先使伤员脱离现场,送到空气新鲜流通处,迅速脱除污染的衣着及佩戴的防护用品等。小面积化学灼伤创面经冲洗后,如致伤物已消除,可根据灼伤部位及灼伤深度采取包扎疗法或暴露疗法。中、大面积化学灼伤,经现场抢救处理后应送往医院处理。

表1.5　常见的化学灼伤急救处理方法

灼伤物质名称	急救处理方法
碱类:氢氧化钠、氢氧化钾、氨、碳酸钠、碳酸钾、氧化钙	立即用大量水冲洗,再用2%酸溶液洗涤中和,也可用2%以上的硼酸水湿敷。氧化钙灼伤时,可用植物油洗涤
酸类:硫酸、盐酸、硝酸、高氯酸、磷酸、醋酸、蚁酸、草酸、苦味酸	立即用大量水冲洗,再用5%碳酸氢钠水溶液洗涤中和,然后用净水冲洗
碱金属、氰化物、氢氰酸	用大量水冲洗,再用0.1%高锰酸钾溶液冲洗,然后用5%硫化铵溶液冲洗
溴	用水冲洗后,再以10%硫代硫酸钠溶液洗涤,然后涂碳酸氢钠糊剂或用1体积氨水(25%)+1体积松节油+10体积乙醇(95%)的混合液处理
铬酸	用大量水冲洗,再用5%硫代硫酸钠溶液或1%硫酸钠溶液洗涤
氢氟酸	立即用大量水冲洗,直至伤口表面发红,再用5%碳酸氢钠溶液洗涤,再涂以甘油与氧化镁(2:1)悬浮剂,或调上如意金黄散,然后用消毒纱布包扎
磷	如有磷颗粒附着在皮肤上,应将局部浸入水中,用刷子清除,不可将创面暴露在空气中,再用1%~2%硫酸铜溶液冲洗数分钟,以5%碳酸氢钠溶液洗去残留的硫酸铜,然后用生理盐水湿敷,用绷带扎好
苯酚	用大量水冲洗,或用4体积乙醇(7%)与1体积氯化铁(1/3 mol/L)混合液洗涤,再用5%碳酸氢钠溶液湿敷
氯化锌、硝酸银	用水冲洗,再用5%碳酸氢钠溶液洗涤,涂油膏即磺胺粉
三氯化钾	用大量水冲洗,再用2.5%氯化铵溶液湿敷,然后涂上2%二巯基丙醇软膏
焦油、沥青(热烫伤)	以棉花蘸乙醚或二甲苯,消除粘在皮肤上的焦油或沥青,然后涂上羊毛脂

五、灭火方法

发生火灾应及时采取灭火措施,防止火势的扩展。灭火时须注意自身的安全保护。

①小火用湿布、石棉布覆盖燃烧物即可灭火。火势较大时要用各种灭火器灭火,灭火器要根据现场情况及起火原因正确选用。

②对活泼金属 Na、K、Mg、Al 等引起的火灾,应用干燥的细沙覆盖灭火,严禁用水、酸式灭火器、泡沫式灭火器和二氧化碳灭火器。

③加热试样或实验过程中起火时,应立即用湿抹布或石棉布扑灭明火并同时拔去电炉插头,关闭煤气、总电源。特别是易燃液体和固体(有机物)着火时,不能用水去浇。除甲醇、乙醇等少数化合物外,大多数有机物密度小于水(如油),能浮在水面上继续燃烧并且逐渐扩大燃烧面积。除了小范围可用湿抹布覆盖外,应立即用消防沙、泡沫灭火器或干粉灭火器来扑灭。精密仪器则应用四氯化碳灭火器灭火。

④电线着火时须立即关闭总电源,切断电流,再用四氯化碳灭火器熄灭已燃烧的电线,不允许用水或泡沫灭火器熄灭燃烧的电线。

⑤衣服着火时应立即以毯子之类蒙盖在着火者身上以熄灭烧着的衣服,用水浸湿后覆盖效果更好,不能慌张跑动,否则会加速气流流向燃烧着的衣服,使火焰加大。用灭火器扑救时注意不要对着脸部。

⑥在现场抢救烧伤患者时,应特别注意保护烧伤部位,不要碰破皮肤,以防感染。大面积烧伤患者往往会因为伤势过重而休克,此时伤者的舌头易因收缩而堵塞咽喉,发生窒息而死亡。在场人员应将伤者的嘴打开,将舌头拉出,保证呼吸畅通,同时用被褥将伤者轻轻裹起,送医院治疗。

任务六　实验室废弃物的环保处理

在基础化学实验中会产生各种有毒的废气、废液和废渣,其中有些是剧毒物质和致癌物质,如果直接排放,会危及自身和他人的健康,且污染环境,造成公害。必须采取措施,对废物进行必要的处理,并在回收贵重和有用的成分后才能排放。

一、废渣处理

固体废渣可分为有毒、无毒、有毒且不易分解等几种,通常采用掩埋法处理。无毒的废渣可直接掩埋,但应做好掩埋地点的记录;有毒的废渣必须经化学处理后深埋在远离居民区的指定地点,以免毒物溶于地下水而混入饮用水中;有毒且不易分解的有机废渣(或废液)用专门的焚烧炉进行焚烧处理。有回收价值的废渣应回收利用。

二、废液处理

废液常采用中和法、萃取法、化学沉淀法、氧化还原法等将大量有害物质除去后再用大量水稀释后排放。

1. 中和法

中和法主要适用于酸性、碱性废液。废酸液用适当浓度的碳酸钠或氢氧化钙水溶液中和,含氢氧化钠、氨水等的碱性废液则用适当浓度的盐酸溶液中和,或废酸废碱中和使 pH 值为 6～8,并用大量水稀释后方可排放。注意处理过程中产生的有毒气体以及发热、爆炸等危险。

2. 萃取法

萃取法主要适用于一些含有机物质的废水液,常将对污染物有良好溶解性但与水不互溶的萃取剂加入废水中,充分混合,以提取污染物,从而达到净化废水的目的。例如,高浓度的酚可用己酸丁酯萃取,重蒸馏回收;低浓度的含酚废液可加入 NaClO 或漂白粉使酚氧化为 CO_2 和 H_2O。

3. 化学沉淀法

含有金属离子如汞、镉、铜、铅、铬离子等,碱金属离子如钙、镁离子,及某些非金属离子如砷、硫、离子等的废液,可采用化学沉淀法除去,即选择合适的沉淀剂加入废液中使其与废液中的污染物发生化学反应,生成沉淀而分离除去。

①氢氧化物沉淀法。如用 NaOH 作为沉淀剂处理含金属离子的废水,含铜废液中加入消石灰等碱性试剂,使所含的金属离子形成氢氧化物沉淀而除去。

②硫化物沉淀法。如用 Na_2S、H_2S 或(NH_4)$_2S$ 等作为沉淀剂处理含汞、砷、锑、铋等离子的废液。

③铬酸盐法。如用 $BaCO_3$ 或 $BaCl_2$ 作为沉淀剂除去废水中的 CrO_4^{2-} 等。

4. 氧化还原法

有时可通过氧化还原反应,将废水中溶解的有害无机物或有机物转化成无害的新物质或易从水中分离除去的形态。常用的还原剂有 $FeSO_4$、Na_2SO_3 等,可用于还原六价铬,如在铬酸废液中加入 $FeSO_4$、$NaSO_3$,使其变成三价铬后,再加入 NaOH(或 Na_2CO_3)等碱性试剂,调节溶液 pH 值为 6～8,使三价铬形成 $Cr(OH)_3$ 沉淀除去。常用的氧化剂主要为漂白粉,它可用于含氮水、含硫废水及含酚废水等的处理。此外,还有某些金属如铁屑、铜屑、锌粒等,可用于除去废水中的汞。

5. 其他

汞及汞的化合物应立即用吸管、毛笔或硝酸汞酸性溶液浸过的薄银片将所有的汞滴拣起,收集于适当的瓶中,用水覆盖起来。散落过汞的地面应撒上硫黄粉,覆盖一段时间,使生成硫化汞后再设法扫净,也可喷上 20% 的 $FeCl_3$ 溶液,让其自行干燥后再清扫干净。

处理少量含汞废液时,可在含汞废液中加入 Na_2S,使其生成难溶的 HgS 沉淀,再加入 $FeSO_4$ 作为共沉淀剂,清液可以排放,残渣可用焙烧法回收汞,或再制成汞盐。

三、废气处理

废气处理的要求:一是使实验环境中有害气体不得超过规定的最高允许浓度;二是排出的气体不得超过居民大气中有害物最高允许浓度。

有少量有毒气体产生时,可以在通风橱中进行。通过排风设备把有毒废气排到室外,利用室外的大量空气来稀释有毒废气。

如果做有较大量有毒气体产生的实验时,应该安装气体吸收装置来吸收这些气体,然后进行处理。常用的液体吸收剂有水、酸性溶液、碱性溶液、氧化剂溶液和有机溶剂。例如,HF、SO_2、H_2S、NO_2、Cl_2 等酸性气体可以用 $NaOH$ 水溶液吸收后排放;碱性气体如 NH_3 等用酸溶液吸收后排放;CO 可点燃转化为 CO_2 气体后排放。

废气与固体吸收剂接触,使废气中的污染物吸附在固体表面而被分离出来,主要用于废气中低浓度的污染物的净化。

思考与练习

一、填空题

1. 进入实验室必须穿着_____,明确_____。

2. 称取药品后,及时_____。不得将瓶盖、滴管盖乱放,以免_____。

3. 使用浓酸、浓碱、溴、铬酸洗液等具有_____的试剂时,切勿溅在皮肤和衣服上。如溅到身上应立即用_____冲洗,溅到实验台上或地上时,要先用抹布或拖把擦净,再用水冲洗干净,要注意保护_____,必要时应戴上_____。

4. 倾注试剂、开启易挥发的试剂瓶时,不可用_____直接对着瓶口或试管口闻气体的气味,而应用手把少量气体轻轻_____进行。

二、选择题

1. 易燃液体分为(　　)个级别。

A. 1　　　　　　B. 2　　　　　　C. 3　　　　　　D. 4

2. 三级可燃液体的闪点是(　　)℃。

A. 28 ~ 45　　B. 45 ~ 120　　C. 低于 28　　D. 高于 120

3. 高度危害最高容许浓度值是(　　)。

A. 1.0 ~ 10.0　B. >10.0　　C. <0.1　　D. 0.1 ~ 1.0

三、简答题

1. 误食毒物后怎么办?

2. 废液处理有哪几种方法?分别是什么?

3. 废气处理的要求是什么?

项目一课件　　　　　参考答案　　　　　拓展阅读

项目二

实验室用水

◇**知识目标**

- 学习实验室用水的分类和级别。
- 掌握实验室制备纯水和常用特殊用水的方法。
- 学会选用合适的实验用水。

◇**能力目标**

- 能够了解实验室用水的分类。
- 能够正确选择实验室用水。
- 能够对实验室用水进行妥善保存。

◇**思政目标**

- 水是生命之源,每个人都应当节约用水。
- 掌握实验室制水方法,让"绿水青山"成为检测操作技术人员的情怀。

任务一　基础化学实验用水的分类

　　水是一种使用最广泛的化学试剂,是最廉价的溶剂和洗涤液,可溶解许多物质。各种天然水,长期与土壤、空气、矿物质等接触,都不同程度地溶有无机盐、气体和某些有机物等杂质。检测操作技术实验对实验用水的质量要求较高,除粗洗一些玻璃仪器和器皿、用作冷凝液时使用自来水外,其他用水应根据所做实验对水质量的要求,合理选用不同规格的纯水。

　　经初步处理后得到的自来水,除含有较多的可溶性杂质外,是比较纯净的水,在化学实验中常用作粗洗仪器用水、水浴用水及无机制备前期用水等。

　　自来水经进一步处理后所得的纯水(即基础化学实验用水),在基础化学实验中常用作溶剂用水、精洗仪器用水、分析用水及无机制备的后期用水等。

1.按制备方法分类

根据制备方法的不同,将基础化学实验用水分为蒸馏水、电渗析水和离子交换水。

2.按水的质量分类

我国基础化学实验用水有国家标准,GB/T 6682—2008《分析实验室用水规格和试验方法》规定的实验用水的技术指标见表2.1。

表2.1　化学实验用水的级别及主要指标

指标名称	一级水	二级水	三级水
pH 范围(25 ℃)	—	—	—
电导率(25 ℃)/(mS·m^{-1})	≤0.01	≤0.01	≤0.50
可氧化物质(以 O 计)/(mg·L^{-1})	—	<	<0.4
吸光度(254 nm,1 cm 光程)	≤0.001	≤0.01	—
蒸发残渣(105±2)℃/(mg·L^{-1})	—	≤1.0	≤2.0
可溶性硅(以 SO$_2$ 计)/(mg·L^{-1})	<0.01	<0.02	—

注:①高纯水的 pH 难于测定,一级水、二级水没有测定 pH 值的要求。

　　②一级水、二级水的电导率必须"在线(即将测量电极安装在制水设备的出水管道内)"测定。

　　③在一级水的纯度下,难于测定可氧化物质和蒸发残渣,对其限量不作规定,可用其他条件和制备方法来保证一级水的质量。

　　④一级水基本上不含有溶解杂质或胶态粒子及有机物,可用二级水经进一步处理制得。例如,二级水经过再蒸馏、离子交换混合床、0.2 μm 滤膜过滤等方法处理,或用石英蒸馏装置进一步蒸馏制得。一级水用于制备标准水样或配制分析超痕量物质(10^{-9} 级)用的试液。

　　⑤二级水常含有微量的无机、有机或胶态杂质。它可用三级水进行再蒸馏的方法制备。二级水用于配制分析痕量物质(10^{-9} ~ 10^{-6} 级)用的试液。

　　⑥三级水适用于一般实验工作。它可用蒸馏、反渗透或离子交换等方法制备。三级水用于配制分析 10^{-6} 级以上含量物质用的试液。

纯水来之不易,也较难存放。在实验中,要根据实验需求选用适当级别的纯水。在保证实验要求的前提下,注意节约用水。

任务二　基础化学实验用水的制备方法

纯水的制备方法不同,水的质量也不同,主要方法有蒸馏法、离子交换法、电渗析法和电泳法等。

1.蒸馏水

根据水与杂质的沸点不同,将自来水用蒸馏器蒸馏冷凝后得到的水称为蒸馏水。由于可溶性盐不挥发,在蒸馏过程中留在剩余的水中,因此蒸馏水比较纯净。蒸馏水中的少量杂质,主要有来自二氧化碳溶在水中生成的碳酸,使蒸馏水显弱酸性;冷凝管和接收器本身的材料可能或多或少地进入蒸馏水,这些装置所用的材料一般是不锈钢、纯铝或玻璃等,可能带入金属离子;蒸馏时少量液体杂质呈雾状飞出而进入蒸馏水。一次蒸馏水的纯水仍含有微量杂质,只能用于定性分析和一般的工业分析。对精确的定量分析和高纯度仪器的洗涤,必须采用多次蒸馏得到的二次、三次甚至更多次的高纯蒸馏水。

在蒸馏水中加入少量高锰酸钾和氢氧化钡再次进行蒸馏,以除去水中极微量的有机杂质、无机杂质以及挥发性的酸性氧化物(如 CO_2),这种水称为重蒸水(二次蒸馏水)。如要使用更纯净的蒸馏水,可进行第三次蒸馏,用于要求较高的实验。近年来出现的石英亚沸蒸馏器,它的特点是在液面上加热,使液面始终处于亚沸状态,蒸馏速度较慢,可将水蒸气带出的杂质减至最低,同时蒸馏时头和尾都弃 1/4,只接收中间段,在整个蒸馏过程中避免与大气接触可制得高纯水。高纯度的蒸馏水要用石英、银、铂、聚四氟乙烯蒸馏器,以免玻璃中所含钠盐及其他杂质会慢慢溶于水,而使水的纯度降低。

蒸馏法的优点是操作简单,成本低,不挥发的离子型、非离子型物质均可除去;缺点是纯水产量低,纯度不高。

2. 去离子水

用离子交换法制得的水称为离子交换水,因为溶于水的杂质离子已被除去,所以又称为去离子水。去离子水的纯度很高,因未除去非离子型杂质,含有微量有机物,故为三级水。

具体操作为将水依次通过阳离子交换树脂柱、阴离子交换树脂柱及阴阳离子树脂混合交换柱,水中的阳离子就被阳离子交换树脂所吸附,阴离子就被阴离子交换树脂所吸附,自来水就变成了纯水。

离子交换法的优点是产量大,成本低,水质高;缺点是操作较复杂,水中有机物较难除去,尚有少量树脂溶解在纯水中。离子交换法适合学校实验室用纯水。

3. 电渗析水

用电渗析法制得的水称为电渗析水。利用离子交换膜在直流电场的作用下,使水中的阴、阳离子透过阴、阳离子交换膜,达到除去杂质离子净化水的目的。

电渗析法去除杂质的效率不是很高,比蒸馏水纯度略低,接近三级水的质量。

4. 特殊用水

①无二氧化碳水。将蒸馏水或去离子水置于烧瓶中,煮沸 10 min,立即用装有钠石灰干燥管的胶塞塞紧瓶口,冷却后即可。常用于酸碱滴定法中碱标准溶液的制备。

②无氧水。将普通纯水置于烧瓶中,煮沸 1 h,立即用装有玻璃导管(导管与盛有 100 g/L 焦性没食子酸碱性溶液连接)的胶塞塞紧瓶口,冷却后即可。常用于氧化还原滴定法中某些物质的测定。

③高纯水。将蒸馏法、离子交换法或电渗析法制备的纯水作为水源,经超纯水制备装置可制得不含有机物、无机物、微粒固体和微生物的超纯水,储存于聚乙烯、有机玻璃或石英容器中。常用于原子光谱、高效液相色谱等仪器分析中。

④不含氯的水。加入亚硫酸钠等还原剂将自来水中的余氯还原为氯离子,用附有缓冲球的全玻璃蒸馏器进行蒸馏。

⑤不含氨的水。向水中加入硫酸至 pH 值小于 2,使水中的氨或胺都转变成不挥发的盐类,收集馏出液。

⑥不含酚的水。加入氢氧化钠至水的 pH 值大于 11(可同时加入少量高锰酸钾溶液使水呈紫红色),使水中酚生成不挥发的酚钠后进行蒸馏制得,或用活性炭吸附法制取。

⑦不含砷的水。通常使用的普通蒸馏水或去离子水基本不含砷,对所用蒸馏器、树脂管

和储水容器要求不得使用软质玻璃(钠钙玻璃)制品,进行痕量砷测定时则应使用石英蒸馏器、聚乙烯树脂管及储水容器制备和盛储不含砷的蒸馏水。

⑧不含铅(重金属)的水。用氢型强酸性阳离子交换树脂制备不含铅(重金属)的水,储水容器应作无铅预处理后方可使用(将储水容器用 6 mol/L 硝酸浸洗后用无铅水充分洗净)。

⑨不含有机物的水。将碱性高锰酸钾溶液加入水中再蒸馏,在再蒸馏的过程中应始终保持水中高锰酸钾的紫红色不消退,否则应及时补加高锰酸钾。

任务三　纯水的质量检验

制得的纯水只有经过检验合格后,才可以在实验中使用。纯水并不是绝对不含杂质,只是杂质含量极微少而已。根据制备方法和所用仪器的材料不同,其杂质的种类和含量也有所不同。纯水的质量可以通过检查水中杂质离子含量的多少来确定。

1. 电导检验法

电导检验法是通过测定水的电导率(或电阻率)来确定水的纯度的检验方法。水的纯度越高,杂质离子越少,其电导率就越低,利用水所含导电杂质与电导率间的关系,即可确定水的纯度,以电导率或电阻率表示。在25 ℃时,纯水的电导率为 0.054 8 μS/cm。若测得的离子交换水的电导率≤0.1 μS/cm,则为一级水;电导率≤1.0 μS/cm 时,为二级水;电导率≤5.0 μS/cm 时,为三级水。一般实验室用水的电导率≤5.0 μS/cm,而精确分析中,应使用二级水。实验室的原料水应为较清洁的水源,否则需要进行预处理。

2. 化学检验法

①pH 的检验。用酸度计、精密 pH 试纸或指示剂(使甲基红不显红色,溴甲酚蓝不显蓝色)进行测量,pH=6.5~7.5 为合格水。

②离子的定性检验。取离子交换水 10 mL,加入氨性缓冲溶液(pH=10)1~2 mL,再加入少许铬黑T指示剂(5 g/L),若溶液出现蓝色,即为合格;若出现紫红色,表明有阳离子(Ca^{2+}、Mg^{2+})存在。

③氯离子的定性检验。取离子交换水 10 mL 于试管中,加入 2~3 滴硝酸、2~3 滴 0.1 mol/L 硝酸银溶液,混匀,无白色沉淀出现,即表示没有氯离子。

④硅酸盐的检验。取水样 30 mL 于小烧杯中,加入(1+3)HNO_3 溶液 5 mL、5% 钼酸铵溶液 5 mL,室温下放置 5 min,加入 10% Na_2SO_3 溶液 5 mL,溶液呈蓝色为不合格。

⑤吸光度的测定。将水样分别注入 1 cm 和 2 cm 的比色皿中,在 254 nm 处,以 1 cm 比色皿中水样为参比,测定 2 cm 比色皿中水样的吸光度。

54 g 氯化铵溶于 200 mL 水中,加入 350 mL 浓氨水,用水稀释至 1 L。

0.5 g 铬黑T加入 20 mL 二级三乙醇胺,以 95% 乙醇溶解并稀释至 1 L。也可在铬黑T指示剂溶液中每 100 mL 加入 2~3 mL 浓氨水,试验中免去加氨缓冲溶液。

甲基红指示剂的变色范围 pH=4.2~6.3,红→黄。称取甲基红 0.100 g 于研钵中研细,加 18.6 mL,0.02 mol/L 氢氧化钠溶液,研至完全溶解,加纯水稀释至 250 mL。

溴麝香草酚蓝指示剂变色范围 pH=6.0~7.6,黄→蓝。称取溴麝香草酚 0.100 g,加入 8.0 mL 0.02 mol/L 氢氧化钠溶液,同上法操作,加纯水稀释至 250 mL。

任务四　分析实验室用水的储存和选用

实验室用水的质量是保障实验结果准确的前提,是实验室认证的重要保证。水被视为用量最大的试剂,实验室用水的选用和储存都需要规范化。

经过各种纯化方法制得的各种级别的分析实验室用水,纯度越高,要求储存的条件越严格,成本也越高,应根据不同分析方法的要求合理选用。表2.2列出了国家标准中规定的各级水的制备方法、储存条件及使用范围。

表2.2　化学检验用水的制备、储存及使用

级别	制备与储存	使用
一级水	可以用二级水经过石英设备蒸馏或离子交换混合床处理后,经孔径0.2 μm微孔滤膜过滤制取,不可储存,使用前制备	有严格要求的分析试验,包括对颗粒有要求的试验,如高效液相色谱分析用水
二级水	含有微量的无机、有机或胶态杂质。可用多次蒸馏或离子交换等方法制取。储存于密闭的、专用的聚乙烯容器中	无机痕量分析等检验,如原子吸收光谱分析用水
三级水	可用蒸馏或离子交换等方法制取,储存于密闭的专用聚乙烯容器中,也可以用密闭的专用玻璃容器储存	一般化学分析检验

实验室储水的容器一般是玻璃容器和聚乙烯容器。水在储存期间会受所盛容器中的可溶性成分、空气中的二氧化碳、氨等气体的污染。蒸馏水附近不要放浓HCl等易挥发的试剂,以防污染。容器在使用前应用20%盐酸浸泡半天,再用实验室用水多次冲洗储存用的容器。容器上的盖子、塞子要盖严塞紧。

用玻璃容器盛装蒸馏水或去离子水,水会溶解玻璃中的可溶性物质。高纯水应储于有机玻璃、石英或塑料容器中。

一级水不可储存,应临用前制备。

对储存水的容器要求如下:

①各级用水均使用密闭、专用聚乙烯容器存放。三级水也可使用密闭、专用的玻璃容器存放。

②储存水的新容器在使用前需用盐酸溶液(20%)浸泡2~3 d,再用待储存的水反复冲洗。

各级用水在储存期间其沾污的主要来源是容器可溶成分、二氧化碳和其他杂质。一级水不可储存,使用前制备。二级水、三级水可适量制备,分别储存在预先用同级水清洗过的相应容器中。

超纯水能满足 HPLC、LC-MS、IC、ICP、AA 等理化分析领域和生命科学领域如 PCR、凝胶电泳、基因组学、细胞培养等的用水要求。

部分国家标准对水的要求如下。GB/T 9723—2007《化学试剂　火焰原子吸收光谱法通则》要求:实验用水应符合 GB/T 6682—2008 二级水的规格。GB/T 15337—2008《原子吸收光谱分析法通则》要求:进行常量分析时,所用水应符合 GB/T 6682—2008 二级水的规格;进行痕量分析时,所用水应符合 GB/T 6682—2008 一级水的规格。GB/T 9721—2006《化学试剂　分子吸收分光光度法通则(紫外和可见光部分)》要求:校正仪器时配置溶液的水应符合 GB/T 6682—2008 二级水的规格,检验样品时所用的水根据产品标准的要求选用 GB/T 6682—2008 中的二级水或三级水。GB/T 16631—2008《高效液相色谱法通则》要求使用的水是通过蒸馏、离子交换,或反渗透、蒸馏、离子交换等方法精制的水,水质不应干扰分析。GB/T 5750.7—2006《生活饮用水标准检验方法　有机物综合指标》总有机碳测定中对所用纯水的总有机碳最高容许含量要求:测定样的总有机碳含量(mg/L)分别为<10、10～100、>100 时,要求纯水中总有机碳含量(mg/L)分别为 0.1、0.5、1。

思考与练习

一、选择题(单选、多选)

1. 实验室三级水不能用( )来进行制备。
A. 蒸馏　　　　B. 电渗析　　　　C. 过滤　　　　D. 离子交换

2. 下列各种装置中,不能用于制备实验室用水的是( )。
A. 回馏装置　　B. 蒸馏装置　　C. 离子交换装置　　D. 电渗析装置

3. 国家规定实验室三级水检验的 pH 值标准为( )。
A. 5.0～6.0　　B. 6.0～7.0　　C. 6.0～7.0　　D. 5.0～7.5

4. 在分析化学实验室常用的去离子水中,加入 1～2 滴甲基橙指示剂,则应呈现( )。
A. 紫色　　　　B. 红色　　　　C. 黄色　　　　D. 无色

5. 实验室三级水用于一般化学分析试验,可以用于储存三级水的容器有( )。
A. 带盖子的塑料水桶　　　　B. 密闭的专用聚乙烯容器
C. 有机玻璃水箱　　　　　　D. 密闭的瓷容器

6. 实验室用水的制备方法有( )。
A. 蒸馏法　　B. 离子交换法　　C. 电渗析法　　D. 电解法

7. 下列陈述正确的是( )。
A. 国家规定的实验室用水分为三级
B. 各级分析用水均应使用密闭的专用聚乙烯容器
C. 三级水可使用密闭的专用玻璃容器
D. 一级水不可储存,使用前制备

8. 下列各种装置中,能用于制备实验室用水的是( )。
A. 回馏装置　　D. 电渗析装置　　C. 离子交换装置　　B. 蒸馏装置

9. 不是三级水检验技术指标的有( )。

A. 二价铜　　　　　B. 二氧化硅　　　　　C. 吸光度　　　　　D. 电导率

10. 实验室三级水可储存于( )中。

A. 密闭的专用聚乙烯容器　　　　　　B. 密闭的专用玻璃容器

C. 密闭的金属容器　　　　　　　　　D. 密闭的瓷容器

二、判断题

1. 纯水制备的方法只有蒸馏法和离子交换法。 ( )

2. 二次蒸馏水是指将蒸馏水重新蒸馏后得到的水。 ( )

3. 实验室所用水为三级水,用于一般化学分析试验,可以用蒸馏、离子交换等方法制取。

( )

4. 实验室三级水 pH 值的测定应为 5.0 ~ 7.5,可用精密 pH 试纸或酸碱指示剂检验。

( )

5. 各级用水在储存期间其沾污的主要来源是容器可溶成分的溶解、空气中的二氧化碳和其他杂质。 ( )

三、简答题

1. 化学实验室使用的纯水有几种级别? 各有何用途?

2. 实验室制备纯水的方法有哪些? 常用特殊用水的制备方法是什么?

3. 自来水为什么不能直接用于化学实验?

4. 实验中如何选用合适的实验用水?

5. 蒸馏水、去离子水、电渗析水各有何异同?

项目二课件　　　　参考答案　　　　拓展阅读

项目三

玻璃仪器的认知与操作

◇**知识目标**

- 掌握各类常用玻璃仪器的基本知识及操作。
- 了解瓷质、玛瑙、铂等其他材料器皿的性能、特点。
- 学会实验室基本洗液的配制原理。
- 明确实验室安全操作规则。

◇**能力目标**

- 能够熟悉实验室各种玻璃仪器的名称、规格。
- 能正确选择、洗涤、使用和保管实验室玻璃仪器。
- 能正确配制几种常用的洗液。
- 熟悉实验室突发事故的处理方法。

◇**思政目标**

- 培养学生爱护公物的良好习惯。
- 养成严谨科学的学习态度以及节约、守法的职业道德。
- 引导学生认识器皿洗涤是实验成功的基本条件。
- 正确处理实验室废液,培养学生的环保意识。
- 培养学生初心、匠心、恒心的职业操守。
- 提高学生学习热情,变"要我学"为"我要学"。

任务一　常用玻璃仪器简介

一、玻璃仪器简介

化验室中大量使用玻璃仪器,是因为玻璃具有很高的化学稳定性、热稳定性,有很好的透明度、一定的机械强度和良好的绝缘性能。玻璃原料来源方便,并可以用多种方法按需要制成各种不同形状的产品。用于制作玻璃仪器的玻璃称为"仪器玻璃",用改变玻璃化学组成的方法可以制出适应各种不同要求的玻璃。

玻璃的化学成分主要是 SiO_2、CaO、Na_2O、K_2O。加入不同量的 B_2O_3、Al_2O_3、CaO、SrO、BaO 等可以使玻璃具有不同的性质和用途。

各种仪器玻璃的牌号、化学组成及性能可参照 QB/T 2559—2002《仪器玻璃成分分类及其试验方法》。

仪器玻璃的耐水性能、耐酸性能、耐碱性能按国家标准规定的试验方法测定。

酸和碱腐蚀玻璃的原理是:碱会侵蚀玻璃的二氧化硅骨架并逐渐溶解玻璃,酸是以氢离子交换玻璃中的碱金属而沥出玻璃,碱对玻璃的腐蚀性比酸大几个数量级。由于氢氟酸强烈地腐蚀玻璃,因此玻璃不能用于含有氢氟酸的实验。另外,浓磷酸也腐蚀玻璃。碱溶液的腐蚀会使玻璃的磨口黏结在一起无法打开,故不能用玻璃仪器长期存放碱液。

因玻璃被侵蚀而有痕量离子进入溶液和玻璃表面吸附待测离子是微量分析必须注意的问题。

二、常用的玻璃仪器

化验室所用到的玻璃仪器种类很多,各种不同专业的化验室还用到一些特殊的玻璃仪器,这里主要介绍一般通用的玻璃仪器及一些磨口玻璃仪器的知识。

常用玻璃仪器的名称、规格、用途见表3.1。

表3.1   常用玻璃仪器名称、规格、用途一览表

名称	规格	主要用途	使用注意
(1)烧杯	容量/mL: 10、15、25、50、100、250、400、500、600、1 000、2 000	配制溶液、溶样等	加热时应置于石棉网或电热板上,使其受热均匀,一般不可烧干
(2)三角烧瓶(锥形瓶)	容量/mL: 50、100、250、1 000	加热处理试样和容量分析滴定	除有与上相同的要求外,磨口三角瓶加热时要打开塞,非标准磨口要保持原配塞
(3)碘瓶	容量/mL: 50、100、250、500、1 000	碘量法或其他生成挥发性物质的定量分析	同三角烧瓶
(4)圆(平)底烧瓶	容量/mL:250、500、1 000,可配橡胶塞号:5～6、6～7、8～9	加热及蒸馏液体;平底烧瓶可自制洗瓶	一般避免直接火焰加热、隔石棉网或各种加热套、加热浴加热
(5)圆底蒸馏烧瓶	容量/mL: 30、60、125、250、500、1 000	蒸馏;也可作少量气体发生反应器	同圆底烧瓶
(6)凯氏烧瓶	容量/mL: 50、100、300、500	消解有机物质	置石棉网上加热,瓶口方向勿对向自己及他人

名称	规格	主要用途	使用注意
(7)洗瓶	容量/mL:250、500、1 000	装纯水洗涤仪器或装洗涤液洗涤沉淀	玻璃制的带磨口塞;可用锥形瓶自己装配;可置石棉网上加热;聚乙烯制的不可加热
(8)量筒 (9)量杯	容量/mL:5、10、25、50、100、250、500、1 000、2 000 量出式,量入式	粗略地量取一定体积的液体用	沿壁加入或倒出溶液,不能加热
(10)容量瓶 (量瓶)	容量/mL:1、2、5、10、20、50、100、200、250、500、1 000、2 000、5 000 量入式,无色,棕色	配制准确体积的标准溶液或被测溶液	非标准的磨口塞要保持原配;漏液的不能用;不能直接用火加热,可水浴加热;不能量取热的液体
(11)滴定管	容量/mL:5、10、25、50、100 无色、棕色,量出式具塞、无塞(或聚四氟乙烯活塞)	容量分析滴定操作	活塞要原配;漏液的不能使用;不能加热;不能长期存放碱液;无塞滴定管不能放与橡胶产生反应的标准溶液
(12)座式滴定管	容量/mL:1、2、5、10 量出式	微量或半微量分析滴定操作	只有活塞式;其余注意事项同滴定管
(13)自动滴定管 准确等级分为A级、B级,A级高于B级	容量/mL:5、10、25、50、100 量出式,三通旋塞,侧边旋塞	自动滴定;可用于滴定液需隔绝空气的操作	除有与一般的滴定管相同的要求外,注意成套保管,另外,要配打气用双联球
(14)单标线吸量管 准确度等级分为A级、B级,A级高于B级	容量/mL:1、2、3、5、10、15、20、25、50、100 量出式	准确地移取一定量的液体	在同一实验中应尽可能使用同根吸量管的同一段,并且尽可能使用上面部分,而不用末端收缩部分
(15)分度吸量管	容量/mL:0.1、0.2、0.25、0.5、1、2、5、10、25、50 完全流出式、不完全流出式、吹出式	准确地移取各种不同量的液体	同单标线吸量管
(16)称量瓶	瓶高/mm　直径/mm 扁形:25　25 　25　40 　30　50 高形:40　25 　50　30	扁形用作测定水分或在烘箱中烘干基准物;高形用于称量基准物、样品	不可盖紧磨口塞烘烤,磨口塞要原配

续表

名称	规格	主要用途	使用注意
(17)试剂瓶:细口瓶、广口瓶、下口瓶	容量/mL:30、60、125、250、500、1 000、2 000、10 000、20 000 无色、棕色	细口瓶用于存放液体试剂;广口瓶用于装固体试剂;棕色瓶用于存放见光易分解的试剂	不能加热;不能在瓶内配制在操作过程放出大量热量的溶液;磨口塞要保持原配;不要长期存放碱性溶液,存放时应使用橡胶塞,不用时在磨砂面间夹衬纸条
(18)滴瓶	容量/mL:30、60、125 无色、棕色	装需滴加的试剂	同试剂瓶
(19)漏斗	长颈:口径50 mm、60 mm、75 mm;管长150 mm 短颈:口径50 mm、60 mm;管长90 mm、120 mm,锥体均为60°	长颈漏斗用于定量分析,过滤沉淀;短颈漏斗用作一般过滤	不可直接用火加热
(20)分液漏斗	容量/mL:50、100、250、500、1 000 玻璃活塞或聚四氟乙烯活塞	分开两种互不相溶的液体;用于萃取分离和富集;制备反应中加液体(多用球形及滴液漏斗)	磨口旋塞必须原配,漏水的漏斗不能使用;不可加热,不用时在磨砂面间夹衬纸条
(21)试管:普通试管、离心试管	容量/mL:试管10、20,离心试管5、10、15 带刻度、不带刻度 规格也可以用外径(mm)×长度(mm)表示,材质分I(最优)、II、III级	离心试管可在离心机中借离心作用分离溶液和沉淀	硬质玻璃制的试管可直接在火焰上加热,但不能骤冷;离心管只能水浴加热
(22)比色管	容量/mL:10、25、50、100 带刻度、不带刻度、具塞、不具塞	光度分析	不可直接用火加热,非标准磨口塞必须原配;注意保持管壁透明,不可用去污粉刷洗以免磨伤透光面
(23)吸收管	全长/mm:波氏173、233 多孔滤板吸收管185,滤片1#	吸收气体样品中的被测物质	通过气体的流量要适当;两只串联使用;磨口塞要原配;不可直接用火加热;多孔滤板吸收管吸收效率较高,可单只使用
(24)抽滤瓶	容量/mL:250、500、1 000、2 000	抽滤时接收滤液	属于厚壁容器,能耐负压;不可加热

名称	规格	主要用途	使用注意
(25)冷凝管	全长/mm:320、370、490 直形、球形、蛇形,空气冷凝管	用于冷却蒸馏出的液体,蛇形管适用于冷凝低沸点液体蒸气,空气冷凝管用于冷凝沸点 150 ℃以上的液体蒸气	不可骤冷骤热;注意从下口进冷却水,上口出水
(26)抽气管	伽氏、爱氏、改良式	上端接自来水龙头,侧端接抽滤瓶,射水造成负压,抽滤	不同样式甚至同型号产品抽力不一样,选用抽力大的
(27)表面皿	直径/mm:45、60、75、90、100、120	盖烧杯及漏斗等	不可直接用火加热,直径要略大于所盖容器
(28)研钵	厚料制成;内底及杆均匀磨砂直径/mm:70、90、105	研磨固体试剂及试样等用;不能研磨与玻璃作用的物质	不能撞击;不能烘烤
(29)干燥器	直径/mm:100、120、150、180、210、240 无色、棕色,普通干燥器、真空干燥器	保持烘干或灼烧过的物质的干燥,也可干燥少量样品	底部放变色硅胶或其他干燥剂,盖磨口处涂适量凡士林;不可将红热的物体放入,放入热的物体后要时时开盖以免盖子跳起
(30)蒸馏水蒸馏器	烧瓶容量/mL:500、1 000、2 000	制取蒸馏水	防止暴沸(加素瓷片);要隔石棉网用火焰均匀加热或用电热套加热
(31)砂芯玻璃漏斗(细菌漏斗)	容量/mL:35、60、140、500 滤板 1#—6#	过滤	必须抽滤;不能骤冷骤热;不能过滤氢氟酸、碱等,用毕立即洗净
(32)砂芯玻璃坩埚	容量/mL:10、15、30 滤板 1#—6#	称量分析中烘干需称量的沉淀	同砂芯玻璃漏斗
(33)标准磨口组合仪器	磨口表示方法:上口内径/磨面长度,单位为 mm 长颈系列:φ10/19、φ14.5/23、φ19/26…	有机化学及有机半微量分析中制备及分离	磨口处无须涂润滑剂;安装时不可受歪斜压力;要按所需装置配齐购置;不用时在磨砂面间夹衬纸条

任务二　玻璃仪器的洗涤与干燥

一、玻璃仪器的洗涤

（一）洗涤仪器的一般步骤

在化学分析工作中，洗涤玻璃仪器不仅是实验前的准备工作，也是技术性的工作。仪器洗涤是否符合要求，对分析结果的准确度和精密度均有影响。不同分析工作（如工业分析、一般化学分析和微量分析等）有不同的仪器洗涤要求，以一般定量化学分析为基础介绍玻璃仪器的洗涤方法。

一般来说，附着在仪器上的污物有可溶性物质，也有尘土、油污和其他不溶性物质。实验工作中应根据污物及器皿本身的化学或物理性质，有针对性地选用洗涤方法和洗涤剂。

1. 冲洗法

冲洗法就是利用水洗涤，水是最普通、最廉价，最方便的洗涤剂。一般情况下，用水冲去可溶物及器皿表面黏附的灰尘，即往仪器中加入少量的水，用力振荡后倒掉，连洗数次。

2. 刷洗法

仪器内壁有不易冲掉的污物时，首先用水润湿仪器内壁，其次用毛刷蘸取少量的洗涤剂进行刷洗，再用自来水冲洗，用纯净水淋洗，最后检查器皿内壁是否挂水珠，仪器内壁不挂水珠，说明已经洗净。洗涤时注意不要用力过猛，以免损坏仪器。刷洗法适用于大部分非计量仪器，如烧杯、试剂瓶等形状简单的刷子可以刷到的器皿。

3. 浸泡法

对不溶于水、刷洗不能除去的污物，可先把仪器中的水倒掉，再倒入少量的洗涤液，将仪器内部全部浸润。要根据污垢的情况选用不同的处理方法。浸泡法适用于与计量有关的仪器，如容量瓶、滴定管、移液管、比色皿等。

此外，污染严重的玻璃仪器需要浸泡后再洗涤。洁净的玻璃仪器用蒸馏水冲洗后，内壁应十分明亮光洁，无水珠附着在玻璃壁上。若有水珠附着于玻璃内壁，则表示不干净，必须重新洗涤。仪器用毕后应立即清洗干净，这样不仅容易洗涤，而且下次使用也很方便。

将滴管、吸量管、小试管等仪器浸于温热的洗涤剂水溶液中，在超声波清洗机液槽中超洗数分钟，洗涤效果极佳。

（二）各种洗涤液的使用

针对仪器沾污物的性质，采用不同洗涤液通过化学或物理作用能有效地洗净仪器。几种常用的洗涤液见表3.2。要注意在使用各种性质不同的洗液时，一定要把上一种洗涤液除去后再用另一种，以免相互作用，生成的产物更难洗净。

表3.2　几种常用的洗涤液

洗涤液及其配方	使用方法
（1）铬酸洗液（尽量不用） 研细的重铬酸钾 20 g 溶于 40 mL 水中，慢慢加入 360 mL 浓硫酸	用于去除器壁残留油污，用少量洗液刷洗或浸泡一夜，洗液可重复使用，洗涤废液经处理解毒方可排放

洗涤液及其配方	使用方法
(2)工业盐酸[浓或(1+1)]	用于洗去碱性物质及大多数无机物残渣
(3)纯酸洗液 (1+1)、(1+2)或(1+9)的盐酸或硝酸(除去 Hg、Pb 等重金属杂质)	用于除去微量的金属离子,常法洗净的仪器浸泡于纯酸洗液中 24 h
(4)碱性洗液 氢氧化钠 10% 水溶液	水溶液加热(可煮沸)使用,其去油效果较好;煮的时间太长会腐蚀玻璃
(5)氢氧化钠-乙醇(或异丙醇)洗液 120 gNaOH 溶于 150 mL 水中,用 95% 乙醇稀释至 1 L	用于洗去油污及某些有机物
(6)碱性高锰酸钾洗液 等量 30 g/L 高锰酸钾溶液和 1 mol/L 氯氧化钠的混合溶液	清洗油污或其他有机物质,洗后容器沾污处有褐色二氧化锰析出,再用稀盐酸或草酸洗液、硫酸亚铁、亚硫酸钠等还原剂去除
(7)酸性草酸或酸性羟胺洗液 称取 10 g 草酸或 1 g 盐酸羟胺,溶于 100 mL(1+4)盐酸溶液中	洗涤氧化性物质如洗涤高锰酸钾洗液洗后产生的二氧化锰,必要时加热使用
(8)碘-碘化钾溶液 1 g 碘和 2 g 碘化钾溶于水中,用水稀释至 100 mL	洗涤用过硝酸银滴定液后留下的黑褐色沾污物,也可用于擦洗沾过硝酸银的白瓷水槽
(9)有机溶剂 汽油、二甲苯、乙醚、丙酮、二氯乙烷等	可洗去油污或可溶于该溶剂的有机物质,注意其毒性及可燃性。指示剂乙醇溶液的干渣可用盐酸-乙醇(1+2)洗液洗涤
(10)乙醇、浓硝酸(不可事先混合!) 适用于一般方法很难洗净的少量残留有机物	于容器内加入不多于 2 mL 的乙醇,加入 4 mL 浓硝酸,静置片刻,立即发生激烈反应,放出大量热及二氧化氮,反应停止后再用水冲洗,在通风柜中进行,不可塞住容器

洗涤液的使用要考虑能有效地除去污染物,不引进新的干扰物,又不应腐蚀器皿。强碱性洗液不应在玻璃器皿中停留超过 20 min,以免腐蚀玻璃。铬酸洗液使玻璃表面吸附微量铬,在微量分析测定铬时禁用。

(三)砂芯玻璃滤器的洗涤

①新的滤器使用前应以热的盐酸或铬酸洗液边抽滤边清洗,再用蒸馏水洗净。可正置或倒置用水反复抽洗。

②针对不同的沉淀物采用适当的洗涤剂先溶解沉淀,或反置用水抽洗沉淀物,再用蒸馏水冲洗干净,110 ℃烘干中的升温和冷却过程都要缓慢进行,以防裂损。然后保存在无尘的柜或有盖的容器中。不然,积存的灰尘和沉淀堵塞滤孔很难洗净。表 3.3 列出的洗涤砂芯玻璃滤器的洗涤液可供选用。

表 3.3　洗涤砂芯玻璃滤器常用的洗涤液

沉淀物	洗涤液
AgCl	(1+1)氨水或 10% $Na_2S_2O_3$ 水溶液
$BaSO_4$	100 ℃浓硫酸或用 EDTA-NH_3 水溶液(3% EDTA 二钠盐 500 mL 与浓氨水 100 mL 混合)加热近沸
汞渣	热浓 HNO_3
有机物质	铬酸洗液浸泡或温热洗液抽洗 CCl_4 或其他适当的有机溶剂
脂肪 细菌	化学纯浓 H_2SO_4 5.7 mL、化学纯 $NaNO_3$ 2 g、纯水 94 mL 充分混匀,抽气并浸泡 48 h 后以热蒸馏水洗净

(四)吸收池(比色皿)的洗涤

吸收池(比色皿)是光度分析最常用的器件,要注意保护好透光面,拿取时手指应捏住毛玻璃面,不要接触透光面。

玻璃和石英吸收池的组成不同,洗涤方法有所不同,要注意分别洗涤。一般的石英吸收池为石英粉烧接,不能用超声波清洗。黏合的玻璃比色皿不能用酸或碱清洗,要避免用热浓酸清洗。避免使用重铬酸钾洗液,因为残留的铬很难除去。

玻璃和石英吸收池通常可用冷酸或酒精、乙醚等有机溶剂清洗。针对被污染物的性质可以使用以下清洗液:①有机物污染用盐酸(3 mol/L)-乙醇(1+1)混合液浸洗;②油脂污染用石油醚等有机溶剂浸洗;③显色剂污染用硝酸(1+2)浸洗。最后用实验用水充分洗净后倒立于滤纸上控干,如立即用,可用乙醇润洗后吹干,装入试液后,要吸去表面液滴,用四折的擦镜纸轻擦光学窗面至透明。

(五)特殊的洗涤方法

下面是一些特殊的洗涤方法,供参考。凡是在标准中如对玻璃器具的清洁有规定的,按标准规定执行。例如,高纯试剂分析,国家标准要求:玻璃器具在一般清洗后,依次用实验用水、丙酮、热硝酸(1+1)清洗,最后以实验用水充分冲洗。

①有的玻璃仪器,如凯氏微量定氮仪,使用前可用装置本身产生的水蒸气处理 5 min 以上,然后用纯水冲净。测磷用的仪器不可用含磷酸盐的商品洗涤剂。

②测定微量元素用的玻璃器皿用 10% HNO_3 溶液浸泡 8 h 以上,测 Cr、Mn 的仪器不可用铬酸洗液、$KMnO_4$ 洗液洗涤。

③测微量铁用的玻璃仪器不能用铁丝柄毛刷刷洗,测锌、铁用的玻璃仪器酸洗后不能再用自来水冲洗,必须直接用纯水洗涤。

④用于环境样品中痕量物质提取的索氏提取器,在分析样品前,先用己烷和乙醚分别回流 3~4 h。

⑤要求灭菌的器皿,可在 170 ℃用热空气灭菌 2 h。

⑥严重沾污挥发性有机物的器皿可置于高温炉中于 400 ℃加热 15~30 min。

二、玻璃仪器的干燥

实验中经常用到的仪器应在每次实验完毕后洗净干燥备用。不同实验对干燥有不同的要求,一般定量分析用的烧杯、锥形瓶等仪器洗净即可使用。而用于食品分析的仪器要求是干燥的,应根据不同要求干燥仪器。

(一)晾干

不再用的仪器,可用蒸馏水冲洗后在无尘处倒置去水分,自然晾干后收纳于装有木栏的架子或带有透气孔的玻璃柜中。

(二)烘干

在电热干燥箱中烘干(105~120 ℃,1 h),磨口瓶要打开瓶塞;称量瓶烘干后在干燥器中冷却和保存;砂芯玻璃滤器和带实心玻璃塞及厚壁的仪器烘干时要慢慢升温,以免烘裂;玻璃量器的烘干温度参见仍为现行有效的 GB/T 12810—1991《实验室玻璃仪器　玻璃量器的容量校准和使用方法》,建议玻璃量器的烘干温度不得超过150 ℃,因为加热温度虽然低于软化点也会引起容积的变化。

硬质试管可用酒精灯加热烘干,要从底部烤起,把管口向下,以免水珠倒流把试管炸裂,烘到无水珠后把试管口向上赶净水蒸气。

(三)吹干

急需干燥又不便于烘干的玻璃仪器,可以使用电吹风机吹干。用少量乙醇、丙酮(或最后用乙醚)倒入仪器中润洗,流净溶剂,再用电吹风机吹。开始先用冷风,然后吹入热风至干燥,再吹冷风使仪器逐渐冷却,此法要求保持通风良好,不可有明火。

三、玻璃仪器的保存方法

在储藏室内,玻璃仪器要分门别类地存放,以便取用。经常使用的玻璃仪器放在实验柜内要放置稳妥,高的、大的玻璃器皿放在里面。

一些常用仪器的保管办法如下:

①移液管洗净后置于防尘的盒中。

②滴定管用后,洗去内装的溶液,洗净后装满纯水,上盖玻璃短试管或塑料套管,也可倒置夹于滴定管架上。长期不用的滴定管要除掉凡士林后垫纸,用皮筋拴好活塞后保存。

③比色皿用毕洗净后,在瓷盘或塑料盘中下垫滤纸倒置晾干后,装入比色皿盒或清洁的器皿中。

④带磨口塞的仪器,如容量瓶或比色管,最好在洗净前就用橡皮筋或小线绳把塞和管口拴好,以免打破塞子或互相弄混。需长期保存的磨口仪器要在瓶塞和瓶间垫一张纸片,以免日久粘住。

总之,对所用的一切玻璃仪器用完后要清洗干净,按要求保管;养成良好的工作习惯,不要在仪器里遗留油脂、酸液、腐蚀性物质(包括浓碱液)或有毒药品,以免造成后患。

任务三 石英玻璃、瓷器和非金属材料器皿

一、石英玻璃仪器

石英玻璃的化学成分是二氧化硅。按原料不同,石英玻璃可分为透明石英玻璃、半透明石英玻璃、不透明的"熔融石英"。透明石英玻璃理化性能优于半透明石英,其主要用于制造实验室玻璃仪器及光学仪器等。石英玻璃能透过紫外线,在分析仪器中常用来制作紫外范围应用的光学零件。

石英玻璃的线膨胀系数很小($5.5×10^{-7}$),仅为特硬玻璃的1/5。它耐急冷急热,将透明石英玻璃烧至红热,放到冷水里不会炸裂。石英玻璃的软化温度为1 650 ℃,水晶熔制的石英玻璃能在1 100 ℃下使用。

石英玻璃的纯度很高,二氧化硅含量在99.95%以上,具有相当好的透明度。它的耐酸性能非常好,除氢氟酸和磷酸外,任何浓度的有机酸和无机酸甚至在高温下都极少与石英玻璃作用。石英是痕量分析用的好材料。在高纯水和高纯试剂的制备中常采用石英器皿。

石英玻璃不能耐氢氟酸的腐蚀,磷酸在150 ℃以上能与其作用,强碱溶液包括碱金属碳酸盐能腐蚀石英,在常温时腐蚀较慢,温度升高,腐蚀加快。

在化验室中常用的石英玻璃仪器有石英烧杯、蒸馏瓶、容量瓶坩埚、蒸发皿、石英舟、石英管、石英蒸馏水器等。石英玻璃仪器价格昂贵,应与玻璃仪器分别存放及保管,洗涤方法参看玻璃仪器的洗涤。

二、瓷质器皿

瓷也是硅酸盐,一般组成为 $NaKO:Al_2O_3:SiO_2 = 1:8.7:22$,瓷的 Al_2O_3 含量比玻璃高得多,瓷表面涂的釉的组成为 $SiO_2:Al_2O_3:CaO:(K_2O+Na_2O) = 73:9:11:6$。

瓷制器皿能耐高温,可在高至1 200 ℃的温度下使用,耐酸碱的化学腐蚀性比玻璃好,瓷制品比玻璃坚固,且价格便宜,在实验室中经常要用到。涂有釉的瓷坩埚灼烧后失重甚微,可在质量分析中使用。瓷制品均不耐苛性碱和碳酸钠的腐蚀。

三、刚玉坩埚

刚玉坩埚由多孔熔融氧化铝组成,质坚而耐熔,可用于无水 Na_2CO_3 等一些弱碱性物质作熔剂熔融样品。石墨坩埚具有良好的导热性和耐高温性,热膨胀系数小,对酸、碱性溶液的抗腐蚀性较强。

玛瑙是天然二氧化硅的一种,硬度很大,玛瑙研钵使用时不可用力敲击,用后洗净,可用少量稀盐酸洗或用少许食盐研磨,不可加热,可以自然干燥或低温60 ℃慢慢烘干。

任务四　铂及其他金属器皿

一、铂皿

铂又称白金,它具有许多优良的性质。尽管有各种代用品出现,但许多分析工作仍然离不了铂。铂的熔点高(1 773.5 ℃),在空气中灼烧不起变化,而且大多数试剂与它不发生作用。能耐熔融的碱金属碳酸盐及氟化氢的腐蚀是铂有别于玻璃、瓷等的重要性质。铂坩埚用于熔样和灼烧及称量沉淀,铂在高温下略有一些挥发性,灼烧时间久时要加以校正。

铂的领取、使用、消耗和回收都要有严格的制度,为了保护铂皿,使用时要遵守下述规则:

①铂在高温下能与下列物质作用,不可接触这些物质:

a. 固体 K_2O、Na_2O、KNO_3、$NaNO_3$、KCN、NaCN、Na_2O_2、$Ba(OH)_2$、LiOH 等(而 Na_2CO_3 和 K_2CO_3 则可使用)。

b. 王水、卤素溶液或能产生卤素的溶液,如 $KClO_3$、$KMnO_4$、$K_2Cr_2O_7$ 等的盐酸溶液、$FeCl_3$ 的盐酸溶液。

c. 易还原金属的化合物及这些金属,如银、汞、铅、锑、锡、铜等及其盐类(在高温下铂能与这些元素生成低熔点合金)。

d. 含碳的硅酸盐、磷、砷、硫及其化合物、Na_2S、NaCNS 等。

②铂较软,拿取铂坩埚时不能太用力,以免变形及引起凹凸。不可用玻棒等尖头物件从铂皿中刮出物质,如有凹凸可用木器轻轻整形。

③铂皿用煤气灯加热时,只可在氧化焰中加热,不能在含有炭粒和含烃类化合物的还原焰中灼烧,以免碳与铂化合生成脆性的碳化铂。在铂皿中灰化滤纸时,不可使滤纸着火。红热的铂皿不可骤然浸入冷水中,以免产生裂纹。

④灼烧铂皿时不能与别的金属接触,高温下铂能与其他金属生成合金,铂坩埚必须放在铂三角(或用粗铂丝拧成的三角)上灼烧,也可用清洁的石英三角或泥三角。取下灼热的铂坩埚时,必须用包有铂尖的坩埚钳,冷却至红热以下时才可用镍或不锈钢坩埚钳或镊子夹取。

⑤未知成分的试样不能在铂皿中加热或溶解。

⑥铂皿必须保持清洁光亮,以免有害物质继续与铂作用。经常灼烧的铂皿表面可能由于结晶失去光泽,日久杂质会渗入铂金属内部使铂皿变脆而破裂。可以在几次使用后用研细(通过 100 筛目即 0.14 mm 筛孔)的潮湿海砂轻轻擦亮。铂皿有斑点可单独用化学纯稀盐酸或稀硝酸处理,切不可将两种酸混合。若仍无效可用焦硫酸钾熔融处理。

二、其他金属器皿

金的熔点 1 063 ℃,适于 NaOH 作熔剂熔融样品,金蒸发皿适于蒸发酸碱溶液。

银的熔点 960 ℃,加热温度不应超过 700 ℃,适于 NaOH 作熔剂熔融样品。银易与硫作用生成硫化银,不可在银坩埚中分解和灼烧含硫的物质,不许使用碱性硫化熔剂。熔融状态时,铝、锌、锡、铅、汞等金属盐都能使银坩埚变脆。银坩埚不可用于熔融硼砂,浸取熔融物时不可使用酸,特别是不可接触浓酸。

镍的熔点较高,为 1 455 ℃,强碱与镍几乎不作用,镍坩埚可用于氢氧化钠熔融。过氧化钠熔融也可用镍坩埚,虽有腐蚀,但仍可使用多次。因镍在空气中生成氧化膜,加热时质量有变化,故镍坩埚不能作恒重沉淀用。不能在镍坩埚中熔融含铝、锌、锡、铅、汞等的金属盐和硼砂。镍易溶于酸,浸取熔块时不可用酸。

铁虽然易生锈,耐碱腐蚀性不如镍,但是它价格低廉,可在作过氧化钠熔融时代替镍坩埚使用。

任务五 塑料制品

一、聚乙烯和聚丙烯制品

聚乙烯(polyethylene,PE)是乙烯经聚合制得的一种热塑性树脂。依聚合方法、分子量高低、链结构之不同,分高密度聚乙烯(HDPE)、低密度聚乙烯(LDPE)及线型低密度聚乙烯。聚乙烯容器使用温度范围:低温-60 ℃到高温80 ℃。高密度聚乙烯结晶度80% ~90% ,工作温度比低密度聚乙烯高。

聚乙烯具有良好的化学稳定性,在常温下耐稀硝酸、稀硫酸和任何浓度的盐酸、氢氟酸、磷酸、甲酸、乙酸、氨水、胺类、氢氧化钠、氢氧化钾等溶液的腐蚀,但不耐强氧化剂如发烟硫酸、浓硝酸、铬酸和硫酸的混合液的腐蚀。在室温下,上述溶剂缓慢侵蚀,在 90 ~100 ℃下,浓硫酸和浓硝酸能快速侵蚀聚乙烯。

聚乙烯在 60 ℃以下不溶于一般溶剂,但与脂肪烃、芳香烃、卤代烃等长期接触会溶胀或皲裂。温度超过 60 ℃后,可少量溶于甲苯、乙酸戊酯、三氯乙烯、松节油、矿物油及石蜡中,温度高于 100 ℃可溶于四氢化萘。

聚丙烯(polypropylene,PP)是一种半结晶的热塑性树脂。聚丙烯具有良好的耐热性,制品能在 100 ℃以上温度进行消毒灭菌,如不受外力作用,制品在 150 ℃不变形。脆化温度为-35 ℃,低于-35 ℃会发生脆化,耐寒性不如聚乙烯。聚丙烯的化学稳定性很好,除能被浓硫酸、浓硝酸侵蚀外,对其他各种化学试剂都较稳定,低分子量的脂肪烃、芳香烃和氯化烃等能使聚丙烯软化和溶胀。

聚乙烯及聚丙烯耐碱和氢氟酸的腐蚀,常用来代替玻璃试剂瓶储存氢氟酸、浓氢氧化钠溶液及一些呈碱性的盐类(如硫化物、硅酸钠等)。但要注意浓硫酸、硝酸、溴、高氯酸可以与聚乙烯和聚丙烯作用。

聚氯乙烯所含杂质多,一般不用于储存纯水和试剂。

化验工作中使用的塑料制品主要有聚乙烯和聚丙烯的烧杯、漏斗、量杯、试剂瓶、洗瓶和实验室用纯水储存桶等。

塑料对各种试剂有渗透性,不易洗干净。它们吸附杂质的能力也较强,为了避免交叉污染,在使用塑料瓶储存各类溶剂时,最好实行专用。

二、聚四氟乙烯制品

聚四氟乙烯(polytetrafluoroethylene,缩写 Teflon 或 PTFE,F4),中文商品名"特氟隆""特

氟龙"等,是由四氟乙烯经聚合而成的高分子化合物,具有优良的化学稳定性、耐腐蚀性,除熔融碱金属、三氟化氯、五氟化氯和液氟外,能耐其他一切化学药品,在王水中煮沸也不起变化。它还具有密封性、高润滑不粘性、电绝缘性和良好的抗老化能力、耐温优异(能在−180～250 ℃的温度下长期工作)。它在化学分析中成为不可或缺的材料。聚四氟乙烯制品应用于各种需要抗酸碱和有机溶剂的场合,如四氟烧杯、四氟坩埚等。聚四氟乙烯消解管(溶样杯)可用于一般样品的消解,难溶样品的消解可以用高压消解或微波消解来实现。高压消解罐或微波消解罐的内罐的材料使用聚四氟乙烯或其改性材料,外罐用不锈钢或耐腐蚀的合金制作。

选用聚乙烯、聚丙烯、聚四氟乙烯等制作的器具作为实验容器时,不要用添加了着色剂、填充剂或类似物的材料,以免引入污染。合成树脂器具的清洗方法(摘自GB/T 30301—2013《高纯试剂试验方法通则》):"使用前,先用清洁剂、自来水清洗,再依次用实验用水、丙酮清洗,然后放入盛有硝酸(1+3)的聚丙烯树脂器具中浸泡12 h以上,再超声清洗,最后以实验用水充分冲洗。"

任务六　移液器和其他器具

一、移液器

移液器(移液枪)是量取少量或微量液体用的仪器(图3.1)。移取液体的量一般可以从 5 μL 到 5 000 μL,根据体积不同,准确度为±1.0%～±2.5%不等。管嘴由纯聚丙烯制成,可耐120 ℃高温消毒(有的产品整支或下半支可高温消毒)。按通道,可分为单道和多道;按量程,可分为固定式和可调式。正确使用移液器才能达到预期的精度要求。

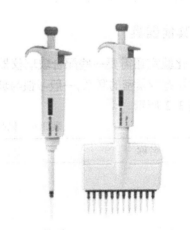

图3.1　移液器

1.移液器使用方法

(1)设定移液体积

从大体积调节到小体积,逆时针旋转到所需刻度;从小体积调节至大体积,可先顺时针调至超过设定体积的刻度,再回调至设定体积。

(2)装配移液器管嘴(吸头)

单道移液器,将移液端垂直插入吸头,左右微微转动,上紧即可,不可用移液器反复撞击吸头来上紧吸头。多道移液器,将移液器的第一道对准第一个吸头,倾斜插入,前后稍许摇动并上紧,吸头插入后略超过O形环即可。

(3)移液方法

移液之前,要使移液器、吸头和液体处于相同温度。移液器竖直,将吸头插入液面下2～3 mm。在吸液之前,可以先吸放几次液体以润湿吸头(尤其是要吸取黏稠或密度与水不同的液体时),贴住容器壁放液。有以下两种移液方法:

①前进移液法。用大拇指将按钮按下至第一停点,然后慢慢松开按钮回原点,吸液,接着将按钮按至第一停点排出液体,稍停片刻继续按按钮至第二停点吹出残余的液体。最后松开按钮。

②反向移液法。此法一般用于转移高黏液体、生物活性液体、易起泡液体或极微量的液体。其原理就是先吸入多于设置量程的液体,转移液体的时候不用吹出残余的液体。先按下按钮至第二停点,慢慢松开按钮至原点。接着将按钮按至第一停点排出设置好量程的液体,继续保持按住按钮位于第一停点(千万别再往下按),取下有残留液体的枪头,弃之。

(4)移液器的正确放置

使用完毕,可以将其竖直挂在移液器架上。当移液器吸液嘴里有液体时,切勿将移液器水平放置或倒置,以免液体倒流腐蚀活塞弹簧。

2.移液器维护保养

①不用时,要把移液器的量程调至最大值,使弹簧处于松弛状态以保护弹簧。

②定期清洗移液器,可用肥皂水或60%的异丙醇洗,再用纯水清洗,自然晾干。

③如需高温消毒,按说明书操作。

④校准。在20~25 ℃下,称量纯水质量(重复几次)。

⑤检查漏液方法。吸取液体后悬空垂直放置几秒钟,看液面是否下降。如果漏液,查找以下原因解决之:a.吸液嘴是否匹配;b.弹簧活塞是否正常;c.如果是易挥发的液体(许多有机溶剂都如此),则可能是饱和蒸气压的问题。可以先吸放几次液体,再移液。

二、其他器具

化验室还需要一些配合玻璃仪器使用的夹持器械、台架等器具及小工具。这些用品与玻璃仪器有较紧密的联系,一般习惯与玻璃仪器一起购置配备。其名称及使用注意事项如表3.4和图3.2所示。

表3.4　化验室常用其他物品名称、用途一览表

名称	主要用途	使用注意事项
(1)煤气灯	加热、灼烧	1. 点火:关小空气进气量,打开煤气开关及灯的针阀,点火 2. 调节煤气及空气量 3. 防止不完全燃烧:空气过小,火焰中有炭粒,呈黄色 4. 回火:煤气过小,空气量过大,需调节后重点火
(2)水浴锅	水浴加热,有铜制水浴锅、铝制水浴锅及电热恒温水浴	1. 水浴锅上的圆圈适用于放置不同规格的蒸发皿 2. 不可烧干 3. 不可作沙浴用
(3)泥三角	在煤气灯上灼烧瓷坩埚时放置坩埚	灼热时避冷水,以免炸裂

名称	主要用途	使用注意事项
(4)石棉网	使受热物体均匀受热	1. 不能与水接触 2. 不要损坏石棉涂层
(5)双顶丝	固定万能夹及烧瓶夹	
(6)万能夹	夹住烧瓶颈、冷凝管	头部套耐热橡胶管
(7)烧瓶夹管	夹住烧瓶	
(8)烧杯夹	夹取热的烧杯	金属制品,注意防腐蚀
(9)坩埚钳	夹持坩埚和蒸发皿	1. 勿沾上酸等腐蚀性液体 2. 保持头部清洁,尖部向上放于桌上
(10)取坩埚铁叉	(粗铁丝自制)50 cm 长,从高温炉内取放坩埚	
(11)滴定台及滴定管夹	夹持滴定管	1. 底板上铺白瓷板,以便滴定时观察颜色变化 2. 滴定管夹上套橡胶管
(12)移液管架	木或塑料制,放置移液管及吸量管	
(13)漏斗架	放置漏斗	
(14)试管架	木或塑料、金属制,放置试管	勿沾污酸、碱等腐蚀性试剂
(15)比色管架	木或塑料制,放置比色管及目视比色	
(16)铁架台、铁环	固定反应容器,与双顶丝、万能夹配合使用	
(17)铁三脚架	放置石棉网,上置被加热的玻璃仪器	
(18)螺旋夹	夹在橡胶管上,调节气体或液体流量	
(19)弹簧夹	夹住橡胶管,关闭流体通路	
(20)打孔器	橡胶塞或软木塞钻孔	1. 边旋转边向下钻,可涂清水或肥皂水润滑 2. 软木塞钻孔前要先用压塞机压 3. 不可用锤子敲打钻孔

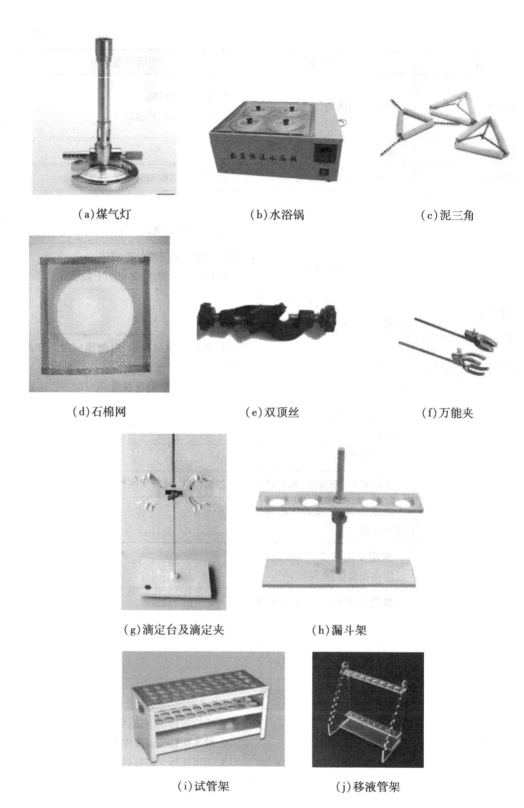

(a)煤气灯　　　　　　　(b)水浴锅　　　　　　　(c)泥三角

(d)石棉网　　　　　　　(e)双顶丝　　　　　　　(f)万能夹

(g)滴定台及滴定夹　　　　　　(h)漏斗架

(i)试管架　　　　　　　(j)移液管架

图3.2　化验室常用其他物品

任务七 移液管和吸量管的使用

移液管(图3.3)和吸量管(图3.4)用来准确移取一定体积的溶液。在标明的温度下,先使溶液的弯月下缘与移液管标线相切,再让溶液按一定方法自由流出,则流出的溶液的体积与管上所标明的体积相同。吸量管一般只用于量取小体积的溶液,其上带有分度,可以用来吸取不同体积的溶液。但用吸量管吸取溶液的准确度不如移液管。上面所指的溶液均以水为溶剂,若为非水溶剂,则体积稍有不同。移液管的容积单位为毫升(mL),其容量为在20 ℃时按规定方式排空后所流出纯水的体积。正确使用方法如下:

1. 清洗

使用前,移液管和吸量管都应该洗净,使整个内壁和下部的外壁不挂水珠。为此,可先用自来水冲洗一次,再用铬酸洗液洗涤。以左手持洗耳球,将食指或拇指放在洗耳球的上方,右手手指拿住移液管或吸量管管颈标线以上的地方,将洗耳球紧接在移液管或吸量管口上,管尖贴在吸水纸上,用洗耳球打气,吹去残留水。排除洗耳球中的空气,将移液管或吸量管插入洗液瓶中,左手拇指或食指慢慢放松,洗液缓缓吸移液管球部或吸量管约1/4 处。移去洗耳球,用右手食指按住管口(图3.5),把管横过来,左手扶住管的下端,慢慢开启右手食指,一边转动移液管或吸量管,一边使管口降低,让洗液布满全管。洗液从上口放回原瓶,然后用自来水充分冲洗,再用洗耳球吸取蒸馏水,将整个内壁洗3 次,洗涤方法同前。但洗过的水应从下口放出。每次用水量:移液管以液面上升到球部为度,吸量管以液面上升到全长的1/5 为度。也可用洗瓶从上口进行吹洗,最后用洗瓶吹洗管的下部外壁。

图3.3 移液管　　　　图3.4 吸量管　　　　图3.5 用食指按住管口

2. 润洗

移取溶液前,必须用吸水纸将尖端内外的水除去,然后用待吸溶液洗3 次。方法是将待吸溶液吸至球部(尽量勿使溶液流回,以免稀释溶液),以后的操作,按铬酸洗液洗涤移液管的方法进行,但用过的溶液应从下口放出弃去。

3. 移取溶液

移取溶液时,将移液管直接插入待吸溶液液面下1 ~ 2 cm 深处(图3.6)。不要伸入太浅,以免液面下降后造成空吸;也不要伸入太深,以免移液管外壁附有过多的溶液。移液时将洗耳球紧接在移液管口上,并注意容器液面和移液管尖的位置,应使移液管随液面下降而下降,当液面上升至标线以上时,迅速移去洗耳球,并用右手食指按住管口,左手改拿盛待吸溶液的容器。将移液管向上提,使其离开液面,并将管的下部伸入溶液的部分沿待吸溶液容器内壁转两圈,以除去管外壁上的溶液。然后使容器倾斜成约45°角,其内壁与移液管尖紧贴,移液管垂直,此时微微松动右手食指,使液面缓慢下降,直到视线平视时弯月面与标线相切,立即按紧食指。左手改拿接受溶液的容器。将接收器倾斜,使内壁紧贴移液管尖成45°角倾斜(图3.7)。松开右手食指,使溶液自由地沿壁流下。待液面下降到管尖后,再等15 s取出移液管。注意,除非特别注明需要"吹"的以外,管尖最后留有的少量溶液不能吹入接收器中,因为在检定移液管体积时,没有把这部分溶液算进去。

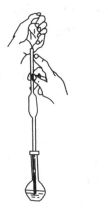

图3.6   吸取溶液   图3.7   放出溶液

4.吸量管的操作

用吸量管吸取溶液时,吸取溶液和调节液面至最上端标线的操作与移液管相同。放溶液时,用食指控制管口,使液面慢慢下降至与所需的刻度相切时按住管口,移去接收器。若吸量管的分度刻到管尖,管上标有"吹"字,并且需要从最上面的标线放至管尖时,则在溶液流到管尖后,立即在管口轻轻吹一下即可。还有一种吸量管,分度刻在离管尖尚差1~2 cm处。使用这种吸量管时,应注意不要使液面降到刻度以下。在同一实验中应尽可能使用同根吸量管的同一段,并且尽可能使用上面部分,而不用末端收缩部分。

移液管和吸量管用完后应放在移液管架上。如短时间内不再用它吸取同一溶液时,应立即用自来水冲洗,再用蒸馏水清洗,然后放在移液管架上。

实际上流出溶液的体积与标明的体积会稍有差别。使用时的温度与标定移液管移液体积时的温度不一定相同,必要时可进行校正。

任务八   容量瓶的使用

容量瓶是细颈梨形平底玻璃瓶,由无色或棕色玻璃制成,带有磨口玻璃塞,颈上有一标线。调定弯液面的正确方法是调节液面使刻度线的上边缘与弯液面的最低点水平相切,视线应在同一水平面。

容量瓶的主要用途是配制准确浓度的溶液或定量的稀释溶液。

容量瓶使用前应先检查:①瓶塞是否漏水;②标线位置距离瓶口是否太近。如果漏水或标线距离瓶口太近,则不宜使用。

　　洗涤容量瓶时,先用自来水洗几次,倒出水后,内壁如不挂水珠,即可用蒸馏水洗好备用。否则就必须用洗液洗涤。先尽量倒去瓶内残留的水,再倒入适量洗液(250 mL 容量瓶,倒入 10~20 mL 洗液已足够),倾斜转动容量瓶,使洗液布满内壁,同时将洗液慢慢倒回原瓶。用自来水充分洗涤容量瓶及瓶塞,每次洗涤应充分振荡,并尽量使残留的水流尽,最后用蒸馏水洗 3 次。应根据容量瓶的大小决定用水量,如 250 mL 容量瓶,第一次约用 30 mL 蒸馏水,第二次和第三次分别约用 20 mL 蒸馏水。

　　用容量瓶配制溶液时,最常用的方法是将待溶固体称出置于小烧杯中,加水或其他溶剂将固体溶解,然后将溶液定量转移入容量瓶中。定量转移时,烧杯口应紧靠伸入容量瓶的搅拌棒(其上部不要碰瓶口,下端靠着瓶颈内壁),使溶液沿玻璃棒和内壁流入(图 3.8)。溶液全部转移后,将玻璃棒和烧杯稍微向上提起,同时使烧杯直立,再将玻璃棒放回烧杯。注意勿使溶液流至烧杯外壁而受损失。用洗瓶吹洗玻璃棒和烧杯内壁,如前将洗涤液转移至容量瓶中,如此重复多次,完成定量转移。当加水至容量瓶的 1/2 左右时,用右手食指和中指夹住瓶塞的扁头,将容量瓶拿起,按水平方向旋转几周,使溶液大体混匀。继续加水至距离标线约 1 cm 处,等 1~2 min,使附在瓶颈内壁的溶液流下后,再用细而长的滴管加水(注意勿使滴管接触溶液)至弯月面下缘与标线相切(也可用洗瓶加水至标线)。无论溶液有无颜色,一律按照这个标准。即使溶液颜色比较深,但最后所加的水位于溶液最上层,而尚未与有色溶液混匀,弯月下缘仍然非常清楚,不会有碍观察。盖上容量瓶的瓶塞。用一只手的食指按住瓶塞上部,其余四指拿住瓶颈标线以上部分。用另一只手的指尖托住瓶底边缘,将容量瓶倒转,使气泡上升到顶,此时将容量瓶振荡数次,正立后,再次倒转过来进行振荡。如此反复多次,将溶液混匀(图 3.9)。最后放正容量瓶,打开瓶塞,使瓶塞周围的溶液流下,重新塞好塞子后再倒转振荡 1~2 次,使溶液全部混匀。

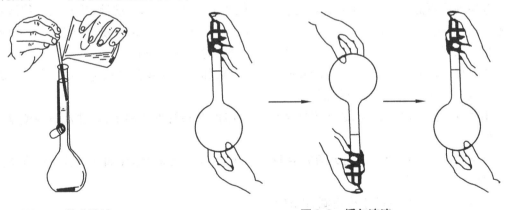

图 3.8　转移溶液　　　　　　　　　　图 3.9　摇匀溶液

　　若用容量瓶稀释溶液,则用移液管移一体积的溶液,放入容量瓶后,稀释至标线,混匀。

　　配好的溶液如需保存,应转移至磨口试剂瓶中。试剂瓶要用此溶液润洗 3 次,以免将溶液稀释。不要将容量瓶当作试剂瓶使用。

　　容量瓶用毕后应立即用水洗净。长时间不用时,磨口处应洗净擦干,并用纸片将磨口隔开。

　　容量瓶不得在箱中烤,不能用其他任何方法进行加热。

在一般情况下,稀释时不慎超过了标线,就应弃去重做。如果仅有的独份试样在稀释时超过标线,可这样处理:在瓶上标出液面所在的位置,然后将溶液混匀。当容量瓶用完后,先加水至标线,再用滴定管加水到容量瓶中使液面上升到标出的位置。根据从滴定管中流出的水的体积和容量瓶原刻度标出的体积即可得到溶液的实际体积。

任务九　滴定管的使用

滴定管是可放出不固定量液体的量出式玻璃量器,主要用于滴定分析中对滴定剂体积的测量。

滴定管大致有普通具塞和无塞滴定管、三通活塞自动定零位滴定管、侧边活塞自动定零位滴定管、侧边三通活塞自动定零位滴定管等。滴定管的全容量最小的为 1 mL,最大的为100 mL,常用的是 10 mL、25 mL、50 mL 容量的滴定管。在检测操作分析中广泛使用的是普通滴定管,在此主要介绍普通滴定管的使用。

1.酸式滴定管(酸管)的准备

酸管是滴定分析中经常使用的一种滴定管。除了强碱溶液外,其他溶液作为滴定液时一般均采用酸管。使用前,首先应检查活塞与活塞套是否配合紧密,如不密合会出现漏水现象,则不宜使用;其次,应进行充分地清洗。

根据玷污的程度,可采用下列方法清洗:

①用自来水冲洗。

②用滴定管刷(特制的软毛刷)合成洗涤剂刷洗,但铁丝部分不得碰到管壁(如用泡塑料刷代替毛更好)。

③用前法不能洗净时,可用铬酸洗液洗。为此,加入 5~10 mL 洗液,边转动边将滴定管放平,并将滴定管口对着洗液瓶口,以防洗液洒出。洗净后,将一部分洗液从管口放回原瓶,然后打开活塞将剩余的洗液从出口管放回原瓶,必要时可加满洗液进行浸泡。

④可根据具体情况采用针对性的洗液进行洗涤,如管内壁残存二氧化锰时,可用草酸、亚铁盐溶液或过氧化加酸溶液进行清洗。

用各种洗涤剂清洗后,都必须用自来水充分洗净,并将管外壁擦干,以便观察内壁是否挂有水珠。

为了使滴定管的活塞转动灵活并克服漏水现象,需将活塞涂油(如凡士林油或真空活塞脂)。操作方法如下:

①取下活塞小头处的小橡皮圈,再取出活塞。

②用吸水纸将活塞和活塞套擦干,并注意勿使滴定管内壁的水再次进入活塞套(将滴定管平放在实验台面上)。

③用手指将油脂涂抹在活塞的两头或用手指把油脂涂在活塞的大头和活塞套小口的内侧(图 3.10)。油脂涂得要适当。涂得太少,活塞转动不灵活,且易漏水;涂得太多,活塞孔容易被堵塞。油脂绝对不能涂在活塞孔的上下两侧,以免旋转时堵住活塞孔。

④将活塞插入活塞套中。插入时,活塞孔应与滴定管平行,径直插入活塞套,不要转动活塞,以免将油脂挤到活塞孔中(图 3.11、图 3.12)。然后向同一方向旋转活塞,直到活塞和活

塞套上的油脂层全部透明为止。最后套上小橡皮圈。

经上述处理后,活塞应转动灵活,油脂层没有纹路。

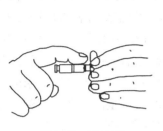  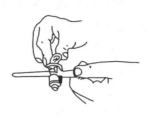

图 3.10　涂油脂　　　　图 3.11　安装旋塞　　　　图 3.12　旋转旋塞

用自来水充满滴定管,将其放在滴定管架上垂直静置约 2 min,观察有无水滴漏下。然后将活塞旋转 180°,再如前检查。如果漏水,应重新涂油。若出口管尖被油脂堵塞,可将它插入热水中温热片刻,然后打开活塞,使管内的水突然流下,将软化的油脂冲出。油脂排除后,即可关闭活塞。

管内的自来水从管口倒出,出口管内的水从活塞下端放出(注意,从管口将水倒出时,务必不要打开活塞,否则活塞上的油脂会冲入滴定管,使内壁重新被沾污),然后用蒸馏水洗 3 次。第一次用 10 mL 左右,第二次及第三次各用 5 mL 左右。洗时,双手拿滴定管管身两端的无刻度处,边转动边倾斜滴定管,使水布满全管并轻轻振荡。然后直立,打开活塞将水放掉,同时冲洗出口管。也可将大部分水从管口倒出,再将余下的水从出口管放出。每次放掉水时应尽量不使水残留在管内。最后,将管的外壁擦干。

2. 碱式滴定管(碱管)的准备

使用前应检查乳胶管和玻璃珠是否完好。若乳胶管已老化,玻璃珠过大(不易操作)或过小(漏水),应予更换。

碱管的洗涤方法和酸管相同。在需要用洗液洗涤时,可除去乳胶管,用塑料乳胶头堵住碱管下口进行洗涤。如必须用洗液浸泡,则将碱管倒夹在滴定管架上,管口插入洗液瓶中,乳胶管处连接抽气泵,用手捏玻璃珠处的乳胶管,吸取洗液,直到充满全管但不接触乳胶管,然后放开手,任其浸泡。浸泡完毕,轻轻捏乳胶管,将洗液缓慢放出。用自来水冲洗或用蒸馏水清洗碱管时,应特别注意玻璃珠下方死角处的清洗。为此,在捏乳胶管时应不断改变方位,使玻璃珠的四周都被清洗干净。

3. 滴定溶液的装入

装入滴定溶液前,应将试剂瓶中的溶液摇匀,使凝结在瓶内壁上的水珠混入溶液,这在天气比较热、室温变化较大时更为必要。混匀后将滴定溶液直接倒入滴定管中,不得用其他容器(如烧杯、漏斗等)来转移。此时,左手前三指持滴定管上部无刻度处,并可稍微倾斜,右手拿住细口瓶往滴定管中倒溶液。小瓶可以手握瓶身(瓶签向手心),大瓶则仍放在桌上,手拿瓶颈使瓶慢慢倾斜,让溶液慢慢沿滴定管内壁流下。

用摇匀的滴定溶液将滴定管洗 3 次(第一次 1 mL,大部分可由上口放出;第二次、第三次各 5 mL,可以从出口放出,洗法同前)。应特别注意的是,一定要用滴定溶液洗遍全部内壁,并使溶液接触管壁 1～2 min,以便与原来残留的溶液混合均匀。每次都要打开活塞冲洗出口管,并尽量放出残留液。对于碱管而言,仍应注意玻璃球下方的洗涤。最后,将滴定溶液倒入,直到充满至零刻度以上为止。

　　注意检查滴定管的出口管是否充满溶液,酸管的出口管及活塞透明,容易检查(有时活塞孔暗藏着的气泡,需要从出口管快速放出溶液时才能看见),碱管则需对光检查乳胶管内及出口管内是否有气泡或是否有未充满的地方。为使溶液充满出口管,在使用酸管时,右手拿滴定管上部无刻度处,并使滴定管倾斜约30°,左手迅速打开活塞使溶液冲出(下面用烧杯盛接溶液,或到水池边使溶液放到水池中),这时出口管中应不再留有气泡。若气泡仍未能排出,可重复上述操作。如仍不能使溶液充满,可能是出口管未洗净,必须重洗。在使用碱管时,装满溶液后,右手拿滴定管上部无刻度处稍倾斜,左手拇指和食指拿住玻璃珠所在的位置并使乳胶管向上弯曲,出口管斜向上,然后在玻璃珠部位往一旁轻轻捏橡皮管,使溶液从出口管喷出(下面用烧杯接溶液,同酸管排气泡的方法),再一边捏乳胶管一边将乳胶管放直,注意当乳胶管放直后再松开拇指和食指,否则出口管仍会有气泡(图3.13)。最后,将滴定管的外壁擦干。

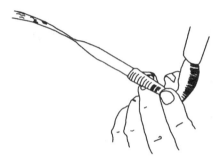

图3.13　碱式滴定管赶走气泡的方法

　　4. 滴定管的读数

　　读数时应遵循下列原则:

　　①装满或放出溶液后,必须等1~2 min,使附着在内壁的溶液流下来,再进行读数。如果放出溶液的速度较慢(例如,滴定到最后阶段,每次只加半滴溶液时),等0.5~1 min即可读数。每次读数前要检查一下管壁是否挂了水珠,管尖是否有气泡。

　　②读数时,滴定管可以夹在滴定管架上,也可以用手拿滴定管上部无刻度处。不管用哪一种方法读数,均应使滴定管保持垂直。

　　③对无色或浅色溶液,应读取弯月面下缘最低点,读数时,视线在弯月面下缘最低点处,且与液面水平(图3.14);溶液颜色太深时,可读液面两侧的最高点,此时,视线应与该点呈水平。注意初读数与终读数采用同一标准。

　　④必须读到小数点后第二位,即要求估计到0.01 mL。注意,估计读数时,应该考虑刻度线本身的宽度。

　　⑤为了便于读数,可在滴定管后衬一黑白两色的读数卡。读数时,将读数卡衬在滴定管背后,使黑色部分在弯月面下1 mm左右,弯月面的反射层即全部成为黑色,读此黑色弯月面下缘的最低点(图3.15)。但对深色溶液且需读两侧最高点时,可以用白色卡纸作为背景。

　　⑥若为乳白板蓝线衬背滴定管,应当取蓝线上下两尖端相对点的位置读数(图3.16)。

⑦读取初读数前,应将管尖悬挂着的溶液除去。滴定至终点时应立即关闭活塞,并注意不要使滴定管中的溶液有少许流出,否则终读数便包括流出的半滴液。在读取终读数前,应注意检查出口管尖是否悬挂有溶液,如有,则此次读数不能取用。

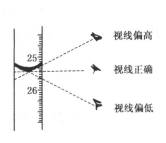

图3.14　滴定管读数方法

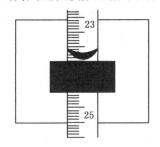

图3.15　读数卡的使用

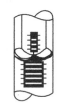

图3.16　蓝带滴定管图

5.滴定管的操作方法

进行滴定时,应将滴定管垂直地夹在滴定管架上。

如使用的是酸管,左手无名指和小手指向手心弯曲,轻轻地贴着出口管,用其余三指控制活塞的转动,但应注意不要向外拉活塞以免推出活塞造成漏水,也不要过分往里扣,以免造成活塞转动困难,不能操作自如。

如使用的是碱管,左手无名指及小指夹住出口管,拇指与食指在玻璃珠所在部位往一旁(左右均可)捏乳胶管,使溶液从玻璃珠旁空隙处流出。应注意以下几点:

①不要用力捏玻璃珠,也不能使玻璃珠上下移动。

②不要捏到玻璃珠下部的乳胶管。

③停止滴定时,应先松开拇指和食指,再松开无名指和小指。

无论使用哪种滴定管,都必须掌握3种加液方法:a.逐滴连续滴加;b.只加一滴;c.液滴悬而未落,即加半滴。

6.滴定操作

滴定操作可在锥形瓶和烧杯内进行,并以白瓷板作为背景。

在锥形瓶中滴定时,用右手前三指拿住锥形瓶瓶颈,使瓶底离瓷板2~3 cm。同时调节滴定管的高度,使滴定管的下端伸入瓶口约1 cm。左手按前述方法滴加溶液,右手运用腕力摇动锥形瓶,边滴加溶液边摇动。如图3.17—图3.19所示,滴定操作中应注意以下几点:

①摇瓶时,应使溶液向同一方向做圆周运动(左右旋转均可),但勿使瓶口接触滴定管,溶液不得溅出。

②滴定时左手不能离开活塞任其自流。

③注意观察溶液落点周围溶液颜色的变化。

④开始时,应边摇边滴,滴定速度可稍快,但不能流成"水线"。接近终点时,应改为加一滴,摇几下。最后,每加半滴溶液就摇动锥形瓶,直至溶液出现明显的颜色变化。加半滴溶液的方法:微微转动活塞,使溶液悬挂在出口管嘴上,形成半滴,用锥形瓶内壁将其沾落,再用洗瓶以少量蒸馏水吹洗瓶壁。

⑤用碱式管滴加半滴溶液时,应先松开拇指和食指,将悬挂的半滴溶液沾在锥形瓶内壁上,再放开无名指与小指。这样可以避免出口管尖出现气泡,使读数产生误差。

⑥每次滴定最好都从 0.00 开始(或从 0 附近的某一固定刻度线开始),这样可以减小误差。

⑦在烧杯中进行滴定时,将烧杯放在白瓷板上,调节滴定管的高度,使滴定管下端伸入烧杯内 1 cm 左右。滴定管下端应位于烧杯中心的左后方,但不要靠壁过近。右手持搅拌棒在右前方搅拌溶液。在左手滴加溶液的同时,搅拌棒应做圆周搅动,但不得接触烧杯壁和烧杯底。

⑧当加半滴溶液时,用搅拌棒下端盛接悬挂的半滴溶液,放入溶液中搅拌。注意,搅拌棒只能接触液滴,不能接触滴定管管尖。

⑨滴定结束后,滴定管内剩余的溶液应弃去,不得将其倒回原瓶,以免沾污整瓶操作溶液。随即洗净滴定管,并用蒸馏水充满全管,备用。

这里的讨论都以 50 mL 的滴定管为例。

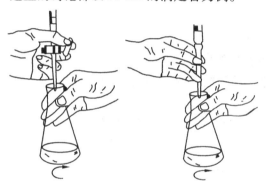

图 3.17　滴定操作

图 3.18　左手旋旋塞的方法

图 3.19　挤捏橡胶管方法

思考与练习

一、选择题(单选、多选)

1. 下面不宜加热的仪器是(　　)。

A. 试管　　　　　　B. 坩埚　　　　　　C. 蒸发皿　　　　　　D. 移液管

2. 下列仪器中可在沸水浴中加热的有(　　)。

A. 容量瓶　　　　　B. 量筒　　　　　　C. 比色管　　　　　　D. 锥形烧瓶

3. 当被加热的物体要求受热均匀而温度不超过 100 ℃时,可选用的加热方式是(　　)。

A. 恒温干燥箱　　　B. 电炉　　　　　　C. 煤气灯　　　　　　D. 水浴锅

4. 用 HF 处理试样时,使用的器皿材料是(　　)。

A. 玻璃　　　　　　B. 玛瑙　　　　　　C. 铂金　　　　　　　D. 陶瓷

5. 当用氢氟酸挥发硅时,应在(　　)器皿中进行。

A. 玻璃　　　　　　B. 石英　　　　　　C. 金属　　　　　　　D. 氟塑料

6. 用铂坩埚处理样品时,可使用的熔剂是(　　)。

A. 碳酸钠　　　　　B. 氢氧化钠　　　　C. 过氧化钠　　　　　D. 氢氧化钾

7. 在镍坩埚中做熔融实验时,其熔融温度一般不超过(　　)。

A. 700 ℃ B. 800 ℃ C. 900 ℃ D. 1 000 ℃

8. 玻璃器皿能盛放的酸有( )。

A. 盐酸 B. 氢氟酸 C. 磷酸 D. 硫酸

9. 洗涤下列仪器时,不能使用去污粉洗刷的是( )。

A. 移液管 B. 锥形瓶 C. 容量瓶 D. 滴定管

10. 洗涤下列仪器时,不能使用去污粉洗刷的是( )。

A. 烧杯 B. 滴定管 C. 比色皿 D. 漏斗

11. 下列( )组容器可以直接加热。

A. 容量瓶、量筒、锥形瓶 B. 烧杯、硬质锥形瓶、试管

C. 蒸馏瓶、烧杯、平底烧瓶 D. 量筒、广口瓶、比色管

12. 下列可以直接加热的常用玻璃仪器为( )。

A. 烧杯 B. 容量瓶 C. 锥形瓶 D. 量筒

13. 下列玻璃仪器中,加热时需石棉网的是( )。

A. 烧杯 B. 碘量瓶 C. 试管 D. 圆底烧瓶

二、填空题

1. 实验室所用玻璃器皿要求清洁,用蒸馏水洗涤后要求 ＿＿＿＿＿＿。

2. 用纯水洗涤玻璃器皿时,使其既干净又节约用水的方法原则是 ＿＿＿＿＿＿。

3. 玻璃仪器可根据不同要求进行干燥,常见的干燥方法有 ＿＿＿＿、＿＿＿＿和 ＿＿＿＿。

4. 常用的玻璃量器种类有 ＿＿＿、＿＿＿、＿＿＿、＿＿＿。

5. 一般玻璃仪器的洗涤方法主要有以下几种:①＿＿＿、②＿＿＿、③＿＿＿。

6. 量器类有 ＿＿＿、＿＿＿等。量器类一律不能 ＿＿＿。

7. 不急用的仪器,可在 ＿＿＿冲洗后在 ＿＿＿处倒置去水分,然后自然干燥。

8. 铬酸洗液由于有 ＿＿＿和 ＿＿＿因此用完后不能直接倒在 ＿＿＿应该倒回 ＿＿＿。

9. 玻璃仪器洗净的标准是＿＿＿＿＿＿。

10. 移液器(移液枪)是量取 ＿＿＿＿＿＿液体用的仪器。

11. 除非特别注明需要"吹"的以外,管尖最后留有的少量溶液 ＿＿＿吹入接收器中,因为在检定移液管体积时,没有把这部分溶液算进去。

12. 使用前,首先应检查活塞与活塞套是否配合紧密,如不密合会出现 ＿＿＿现象,则不宜使用。

13. 移液管的正确操作是＿＿＿＿＿＿。

14. 用滴定管刷(特制的软毛刷)合成洗涤剂刷洗,不能洗净时,可用＿＿＿＿＿洗。

15. 容量瓶在使用前应该＿＿＿＿＿＿。

三、判断题

1. 玛瑙研钵不能用水浸洗,而只能用酒精擦洗。 ( )

2. 锥形瓶可以用去污粉直接刷洗。 ( )

3. 铂器皿可以用还原焰,特别是有烟的火焰加热。 ( )

4. 瓷坩埚可以加热至 1 200 ℃,灼烧后质量变化小,故常常用来灼烧沉淀和称重。 （　　）

5. 铁、镍器皿不能用于沉淀物的烧和称重。 （　　）

6. 坩埚与大多数试剂不反应,可用王水在铂坩埚里溶解样品。 （　　）

7. 石英玻璃器皿耐酸性很强,在任何实验条件下均可以使用。 （　　）

项目三课件　　　参考答案　　　拓展阅读

项目四

天平及其使用

◇ **知识目标**

- 了解常用分析天平的构造并掌握正确的使用方法和使用规则。
- 了解在称量中如何应用有效数字。
- 熟悉有效数字及运算规则。
- 掌握天平的操作及注意事项。
- 掌握直接称量法和减量法的基本操作。

◇ **能力目标**

- 能调节分析天平的零点。
- 能根据分析任务选择称量仪器。
- 能够进行故障排查及维修。

◇ **思政目标**

- 培养标准化操作的职业素养。
- 加强使用仪器、爱护仪器、维护仪器的职业技能。

分析天平是化学实验不可缺少的重要称量仪器,也是分析工作中最基本的操作之一。在各种不同的化学实验中,对质量准确度的要求不同,需要使用不同类型的天平进行称量。常用的天平种类很多,尽管它们在结构上各有差异,但都是根据杠杆原理设计而成的。最新的电子天平应用现代电子控制技术进行称量,称量的依据是电磁力平衡原理。

任务一 托盘天平

台秤用于粗略称重,能称准至0.1 g。

一、托盘天平

托盘天平的横梁架在台秤座上。横梁的左右有两个盘子。横梁的中部有指针与刻度盘相对,根据指针在刻度盘左右摆动情况,可以看出台秤是否处于平衡状态。

托盘天平主要由底座、托盘架、托盘、指针、分度盘、标尺、游码、平衡螺母等构成,如图4.1所示。

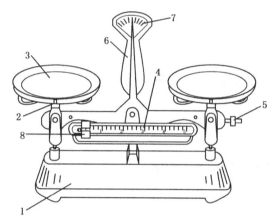

1—底座;2—托盘架;3—托盘;4—标尺;5—平衡螺母;6—指针;7—分度盘;8—游码

图4.1 托盘天平

二、托盘天平的使用方法

称量前,要先测定台秤的零点。称量时,把称量物放在左盘,砝码放在右盘。添加10 g以下的砝码时,可移动游码,当最后的停点(即称量物品时的平衡)与零点符合时(可偏差1小格以内),砝码的质量就是称量的质量。

其操作如下:

①把天平放在桌面上,将托盘擦干净,按编号置于相应的托盘架。称量前把游码拨到标尺的最左端零位,调节调平螺丝,使指针在停止摆动时正好对准刻度盘的中央红线。

②天平调平后,将待称量的物体放在左盘中(记得放称量用纸或玻璃器皿),在右盘中用骨质(或塑料)镊子由大到小加放砝码,当增减到最小质量砝码仍不平衡时,可移动游码使之平衡,此时所称的物体的质量等于砝码的质量与游码刻度所指的质量之和。

称量时应该注意以下几点:

①天平应放在干燥清洁的地方,根据情况决定称量物放在纸上、表面皿或者其他容器中。称重物体不能超过天平最大量程。

②称量时取砝码要用镊子,不能用手直接拿。

③称量完毕,应将砝码放回砝码盘中,将游码拨到"零"位处,并将托盘放在一侧,或者用橡皮圈架起,以免托盘天平摆动。

④保持托盘天平整洁。

⑤长期不用要在盘架下面加上物体固定。

任务二 分析天平

一、分析天平的种类

根据结构特点,分析天平可分为双盘(等臂)天平、单盘(不等臂)天平和电子天平 3 类。分析天平还可以按精度分类,根据分度值的大小,可分为常量分析天平(分度值为 0.1 mg)、微量分析天平(分度值为 0.01 mg)和超微量分析天平(分度值为 0.001 mg)。

常用分析天平的规格和型号见表 4.1。

表 4.1 常用分析天平的规格和型号

种类	型号	名称	最大载荷/g	分度值/mg
双盘天平	TG328A	全机械加码电光天平	200	0.1
	TG328B	半机械加码电光天平	200	0.1
	TG332A	微量天平	20	0.01
单盘天平	TG729B	单盘电光天平	100	0.1
电子天平	AL104	常量电子天平	110	0.1

按我国现行标准,根据天平分度值与最大载荷的比值,分析天平可分为 10 级。具体分类见表 4.2。

表 4.2 分析天平的级别

精度级别	分度值/最大载荷	精度级别	分度值/最大载荷
1	1×10^{-7}	6	5×10^{-6}
2	2×10^{-7}	7	1×10^{-5}
3	5×10^{-7}	8	2×10^{-5}
4	1×10^{-6}	9	5×10^{-5}
5	2×10^{-6}	10	1×10^{-4}

一级天平的精度最高,10 级天平的精度最低。常用的分析天平的最大载荷为 200 g,分度值为 0.1 mg,其精度为 0.000 1 g/200 g = 5×10^{-7},即相当于 3 级天平。分析中应根据不同的要求来选用不同级别的天平。例如,生产控制室可选用 5 级天平;分析实验室一般要求样品称

准至 0.000 1 g,必须选用 3 级、4 级天平。

二、电子分析天平的构造

电子分析天平称量准确、迅速、操作简单、灵敏度高,是目前许多实验室采用的最新一代的分析天平。

电子分析天平的基本部件如图 4.2 所示,由显示器、功能键、底角、秤盘、左侧门、右侧门、天窗、外框等构成。

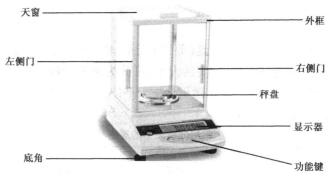

图 4.2　电子分析天平的构造

三、电子分析天平的操作

(一)天平操作

①调整水平:电子天平使用前应检查天平是否水平。

电子天平都有一个水准泡,使用时水准泡必须位于液腔中央,否则称量不准确。

电子天平一般有两个调平底座,位于前面或后面,旋转这两个调平基座,就可以调整天平水平。

注意:水平调好之后,应尽量不要搬动。

②预热:称量前接通电源预热 30 min。

③开启天平并调零:按一下开/关键,显示屏出现"0.000 0";如果显示不是"0.000 0",可按一下"调零"键。

④称量:将被称物轻轻放在秤盘中央,这时可见显示屏上的数字在不断变化,待数字稳定并出现质量单位"g"后,即可读数(最好再等几秒钟)并记录称量结果。

注意:读数时应关上天平门。

⑤称量完毕,取下被称物。如果不久还要继续使用天平,可暂不按"开/关"键,天平将自动保持零位,或者按一下"开/关"键(但不可拔下电源插头),让天平处于待命状态,即显示屏上数字消失,左下角出现一个"0",再来称样时按一下"开/关"键就可使用;如果较长时间(半天以上)不再用天平,应拔下电源插头,盖上防尘罩。

注意:天平初次使用或长时间没有用过,或天平移动过位置,一般都应进行校准操作,校准要在天平通电预热 30 min 以后进行。

（二）天平校准

天平有内校准和外校准。

1. 内校准步骤

调整水平,按下"开/关"键,显示稳定后如不为零则按一下"调零"键,稳定地显示"0.000 0"后,按一下校准键(CAL),天平将自动进行校准,屏幕显示"CAL",表示正在进行校准。10 s左右"CAL"消失,表示校准完毕,应显示出"0.000 0 g"。如果显示不为"0.000 0 g",可按一下"调零"键,然后即可进行称量。

2. 外校准步骤

外校准由 TAR 键清零及 CAL 键、100 g 校准砝码完成。轻按 CAL 键,当显示器出现"CAL-"时松手,显示器出现"CAL-100",其中"100"为闪烁码,表示校准砝码需用 100 g 的标准砝码。此时把准备好"100 g"校准砝码放上秤盘,显示器即出现"----"等待状态,经较长时间后显示器出现"100.000 0 g",拿去校准砝码,显示器应出现"0.000 0 g",若出现不是"0.000 0 g",则再清零,再重复以上校准操作。

注意:为了得到准确的校准结果最好重复以上步骤校准。

四、电子天平使用注意——影响称量准确度的因素

①不可用手直接接触被称物,要用镊子、纸条或戴棉布手套(为防止静电,不要戴一次性手套)进行操作。手接触被称物品,指纹吸湿带来 50 ~ 100 μg 的误差。把手伸入防风罩带来温度的变化可以持续影响 10 min 以上。

②称量时,身体任何部位尽量不接触称量台,以免影响天平的稳定性。称量时,不要开动和使用前门。

③称量室与样品和容器之间温度不同,读数会漂移,样品热显示质量小,样品冷显示质量大。解决方法:把样品及容器在称量室内放置一段时间后再行称量。

④具有吸湿性或挥发性的样品,应使用密闭的容器。把样品放入长颈瓶或小试管时要防止遗撒,可选用专门的支架工具。有吸湿性的样品建议在干燥环境中快速测量。

⑤静电影响称量现象是指在使用特种准确度级的天平称量粉末样品或者干燥后的玻璃容器时,读数不稳定或称量结果重现性差。发生原因:称量低电导率的物质或容器;面积大的样品(塑料或玻璃容器,滤纸);粉末或液体样品加样的摩擦力;被人为带进来的电荷;相对湿度小于 40% ~ 45%。解决方法:配置去静电装置;将称量试管放在一个金属容器内;保持空气相对湿度 45% ~ 60%;有良好的接地线。

五、电子天平常见故障及其排除

这里列出一些电子天平常见的故障,使用者可以查找原因尝试排除,应该按照说明书进行操作,若天平仍不正常,应请相关专业技术人员进行检修。

1. 显示器没有显示

①检查供电电压是否设置正确。

②检查供电线路及供电电源是否正常。

③检查电源变压器、电源开关是否接触不良或损坏。

2. 开启天平后零点单方向漂移

开启天平后零点单方向漂移是属于预热时间不够的正常现象,磁传感器中的磁钢达到热平衡即可稳定。

3. 外部校准不能执行(内校和外校各有特点,内置砝码长期使用后,难以进行砝码检定和表面清洁处理,可以定期使用外附校准砝码校准)

①天平不水平。

②天平安装环境不符合要求。

③校准前天平不在零位。

④外校砝码误差过大。

⑤称量系统有机械故障。

⑥天平的内设程序拒绝外校,改变天平的内设程序,使之处于执行外校状态。

4. 空载时零点不稳定,双向漂移

①天平放置的环境不符合要求,环境因素包括振动、气流、温度、外部磁场。

②防风窗未关闭。

③天平参数设置不合适。

5. 称量结果不稳定

①天平严重不水平,倾斜度太大。

②天平长时间没有校正。

③电子天平的稳定性设置不合适,按说明书调整。

④天平安装环境不符合要求。

⑤检查天平防风罩,看是否未完全关闭。

⑥秤盘和天平壳体中间是否有杂物。

⑦玻璃罩和秤盘是否擦蹭。

⑧检查传感器放置位置及连接部分,看是否接触良好。

⑨观察附近是否有强电磁干扰。

⑩被称物的质量是否稳定(吸潮或挥发或带静电荷等)。

⑪温度影响:称量室内受到手的温度影响,被称物温度与室温相差较大。戴棉质手套,被称物放在天平室一段时间,使其恒温。

⑫天平的四角误差有问题,检验并调整。

⑬微处理器或 A/D 转换器有问题,检修。

6. 显示乱码

①操作电压选择错误,电压偏低。

②操作错误,按说明书操作。

③检查触摸按键是否未弹起、接触不好或变形而影响其他功能键。

④检查内部电源线路、传感器和信号线。

⑤查看控制回路的各插件板和底座,是否有松动、虚接及底座与连接线断开。

7. 称量结果明显不对

①没有去皮回零。

②没有校准或采用错误的外部砝码校准。

③电源电压超出正确的工作电压范围,采取措施,稳定电源电压。

8.去皮回零不好,较难回到全零

电子天平工作台不够稳固,台面上垫有一层防振橡胶,使操作时天平已受到振动。

9.称量室内不要放置干燥剂

干燥剂的吸水和放水形成不同方向的气流,引起空气浮力的变化,导致称量不稳定。

10.静电及产生的原因

①空气干燥,尤其是冬季湿度低于45%时。

②被称物体带静电。

③操作者衣服或使用的工具带静电。

④秤盘安装不当。

⑤地板或天平台的胶板带静电。

11.静电排除方法

①增加湿度,使相对湿度在70%左右。

②除去被称物静电。

③操作者使用应先用手触摸墙壁等除去静电。

④正确安装秤盘。

⑤天平接好地线,天平室不要用易产生静电的装饰材料。

⑥选购除静电装置。

任务三　试样的称量方法与称量误差

一、分析天平的称量方法

分析天平是定量分析中最重要的仪器之一。常用的分析天平有半自动电光天平、全自动电光天平、单盘电光天平、微量天平等。这些天平在结构和使用方法上虽有些不同,但基本原理是相同的。技术先进的电子天平现在被普遍应用。

1.指定质量称量法(固定质量称量法)

天平零点调定后,将被称物直接放在称量盘上,所得读数即被称物的质量。这种称量方法适用于洁净干燥的器皿、棒状或块状的金属等,注意,不得用手直接取放被称物,可采用戴手套、垫纸条、用镊子等合适的方法。

2.递减(差减)称量法

对易吸水、易氧化或易与 CO_2 作用的物质,递减称量法较合适。

递减称量法是先称取装有试样的称量瓶的质量,再称取倒出部分试样后称量瓶的质量,两次称量之差即是倒出的试样的质量,这样称量的结果准确,但不便于称取指定质量。

操作方法如下:如图4.3—图4.5所示,将适量试样装入烘干的称量瓶中,盖上瓶盖。用清洁的纸条叠成纸带套在称量瓶上,左手拿住纸带尾部把称量瓶放到天平左盘的正中位置,选用适当的砝码放在右盘上使之平衡,称出称量瓶加试样的准确质量 m_1(g),记下砝码的数值,左手仍用原纸带将称量瓶从天平盘上取下,拿到接收器的上方,右手用纸片包住瓶盖柄打开瓶盖(但瓶盖不离开接收器上方),将瓶身慢慢倾斜。用瓶盖轻轻敲瓶口上部,使试样慢慢落入容器中。当倾出的试样接近所需要的质量时,一边继续用瓶盖敲瓶口,一边逐渐将瓶身竖直,使粘在瓶口的试样落入接收器或落回称量瓶中。盖好瓶盖,把称量瓶放回天平左盘,取出纸带,关好左边门准确称其质量 $m_2(\text{g})$。两次质量之差,就是试样的质量。如此进行,可称取多份试样。

第一份试样的质量 $= m_1 - m_2(\text{g})$

第二份试样的质量 $= m_2 - m_1(\text{g})$

……

图4.3　称量瓶　　　图4.4　称量瓶的使用　　　图4.5　倾倒试样方法

操作时应注意:

①若倒入试样量不够,可重复上述操作;若倒入试样量大大超过所需数量,则只能弃去重做。

②盛有试样的称量瓶除放在秤盘上或用纸带拿在手中外,不得放在其他地方,以免玷污。

③套上或取出纸带时,不要碰着称量瓶口,纸带应放在清洁的地方。

④粘在瓶口上的试样尽量处理干净,以免粘到瓶盖上或丢失。

⑤要在接收器的上方打开瓶盖或盖上瓶盖,以免可能黏附在瓶盖上的试样失落他处。

递减称量法比较简便、快速、准确,在分析化学实验中常用来称取待测样品和基准物,是指定和固定者间以最常用的一种称量法。

3. 直接称量法(加法称量)

在分析化学实验中,当需要用直接配制法配制指定浓度的标准溶液时,常常用固定质量称量法来称取基准物。此法只用来称取不易吸湿的,且不与空气中各种组分发生作用的、性质稳定的粉末状物质,不适用于块状物质的称量。

图4.6　电子天平　　　　　图4.7　固定质量称量法

具体操作方法如下：

①调好天平的零点,用金属镊子将清洁干燥的容器(瓷坩埚、小表面皿)放到左盘上,在右秤盘上加入等重的砝码使其达到平衡。

②向右秤盘增加与所称试样量相等的砝码,然后用小牛角勺向左的容器中逐渐加入试样,半开天平进行试重。直到所加试样只差很小量时,便可以开启天平,小心地以左手持盛有试样的牛角勺,向容器中心部位上方2～3 cm处,用左手拇指、中指及掌心拿稳牛角勺柄,让勺里的试样以非常缓慢的速度抖入容器中。

③这时,眼睛要注意牛角勺,同时要注视着分标牌的投影屏,待微分标牌正好移动至所需要的刻度时,立即停止抖入试样。注意此时右手不要离开升降枢。

此步操作必须十分仔细,若不慎多加了试样,只能关升降枢,用牛角勺取出多余的试样,再重复上述操作,直到合乎要求为止。

操作时应注意：

①加样或取出牛角勺时,试样决不能失落在秤盘上,开启天平加样时,切忌加过多试样,否则会使天平突然失去平衡。

②称好的样品必须定量地转入处理样品的接收器中。

二、化学检验中误差和数据处理

定量化学检验的任务是准确测定试样中各组分的含量。与其他测量一样,化学检验结果不可避免地会产生误差。化学检验工作者,不仅要测定试样中某组分的含量,还要对化学检验结果作出评价,判断它的可靠程度,查出产生误差的原因,并采取措施减小误差。同时,要实事求是地记录化学检验的原始数据,正确地处理化学检验的数据,使化学检验结果达到规定的准确度要求,以便更好地指导生产实践。

(一)检测结果的表示方法

检测结果常用被测组分的相对量,如质量分数(ω)、体积分数(Φ)和密度(ρ)表示。质量单位可以用 g,也可以用 mg,μg 等;体积单位可以用 L,也可以用 mL,μL 等。

对微量或痕量组分的含量,分别表示为 mg/kg 或 mg/L 以及 μg/kg 或 μg/L。

(二)数据处理方法(根据 GB/T 5009.1—2003)

建立有效数字的概念并掌握它的计算规则,应用有效数字的概念在实验中正确做好原始记录,正确处理原始数据,正确表示分析与检验的结果,具有十分重要的意义。以下根据实验室的具体情况,介绍有效数字的记录和计算的一般规则,以及分析结果的正确表示方法。

1.有效数字

为了取得准确的分析结果,不仅要准确测量,而且还要正确记录与计算。所谓正确记录是指记录数字的位数。因为数字的位数不仅表示数字的大小,还反映测量的准确程度。所谓有效数字,就是实际能测得的数字。

有效数字保留的位数,应根据分析方法与仪器的准确度来决定,一般测得的数值中只有最后一位是可疑的。例如,在分析天平上称取试样 0.500 0 g,这不仅表明试样的质量为 0.500 g,还表明称量的误差在 0.002 以内。如将其质量记录成 0.50 g,则表明该试样是在台称上称量的,其称量误差为 0.02 g,记录数据的位数不能任意增加或减少。再如,在分析天平上测得称量瓶的质量为 10.432 0 g,这个记录说明有 6 位有效数字,最后一位是可疑的。因为分析天平只能称准到 0.000 2 g,即称量瓶的实际质量应为 10.432 0±0.000 2 g,无论计量仪器如何精密,其最后一位数总是估计出来的。因此所谓有效数字就是保留末一位不准确数字,其余数字均为准确数字。从上面的例子可知,有效数字与仪器的准确程度有关,即有效数字不仅表明数量的大小,而且反映测量的准确度。

数字中间的“0”和末尾的“0”都是有效数字,而数字前面所有的“0”只起定值作用。以“0”结尾的正整数,有效数字的位数不确定。例如,4 500 这个数,就不确定是几位有效数字,可能为 2 位或 3 位,也可能是 4 位。遇到这种情况,应根据实际有效数字书写成:

$4.5×10^3$　　　　2 位有效数字

$4.50×10^3$　　　3 位有效数字

$4.500×10^3$　　4 位有效数字

很大或很小的数,常用 10 的乘方表示。当有效数字确定后,在书写时一般只保留一位可疑数字,多余数字按数字修约规则处理。

对于滴定管、移液管和吸量管而言,它们都能准确测量溶液体积到 0.01 mL。当用 50 mL 滴定管测定溶液体积时,如果测量体积大于 10 mL 小于 50 mL 时,应记录为 4 位有效数字,如写成 24.22 mL;如果测定体积小于 10 mL 时,应记录 3 位有效数字,如写成 8.13 mL。当用 25 mL 移液管移取溶液时,应记录为 25.00 mL;当用 5 mL 吸量管吸取溶液时,应记录为 5.00 mL。当用 250 mL 容量瓶配制溶液时,所配溶液体积应记录为 250.00 mL;当用 50 mL 容量瓶配制溶液时,体积应记录为 50.00 mL。

总而言之,测量结果所记录的数字,应与所用仪器测量的准确度相适应。

2. 数值修约规则

通过省略原数值的最后若干位数字,调整所保留的末位数字,使最后所得到的值最接近原数值的过程称为数值修约。经数值修约后的数值称为(原数值的)修约值。

运算过程中,弃去多余数字（称为“修约”）的原则是“四舍六入五成双”。即当测量值中被修约的那个数字等于或小于 4 时舍去;等于或大于 6 时进位;等于 5 时,如进位后,测量值末位数为偶数,则进位,如舍去后末位数为奇数,则舍去。

例如,将 0.374 2、4.586、13.35 和 0.476 5 四个测量值修约为 3 位有效数字时,结果分别为 0.374、4.59、13.4 和 0.476。

3. 有效数字的运算规则

①在加减法的运算中,以绝对误差最大的数为准来确定有效数字的位数。例如,求“0.012 1+25.64+1.057 82 = ?”3 个数据中,25.64 中的 4 有 0.01 的误差,绝对误差以它为最大,所有数据只能保留至小数点后第二位,得 0.01+25.64+1.06 = 26.71。

②在乘除法的运算中,以有效数字位数最少的数,即相对误差最大的数为准,确定有效数字位数。例如,求“0.012 1×25.64×1.057 82 = ?”,以 0.012 1 的有效数字位数最少,即相对误差最大,所有的数据只能保留 3 位有效数字。得 0.012 1×25.6×1.06 = 0.328。

③对数的有效数字位数取决于尾数部分的位数,如 $\lg K = 10.34$,为两位有效数字,pH = 2.08,也是两位有效数字。

④计算式中的系数（倍数或分数）或常数（如 π、e 等）的有效数字位数,可以认为是无限

制的。

⑤如果要改换单位,则要注意不能改变有效数字的位数。例如,"5.6 g"只有两位有效数字,若改用 mg 表示,正确表示应为"$5.6×10^3$ mg"。若写为"5 600 mg",则有 4 位有效数字,就不合理了。

检测分析结果通常以平均值来表示。在实际测定中,对质量分数大于10%的分析结果,一般要求有 4 位有效数字;对质量分数为1% ~10%的分析结果,一般要求有 3 位有效数字;对质量分数小于1%的微量组分,一般只要求有两位有效数字。有关化学平衡的计算中,一般保留 2 ~3 位有效数字,pH 值的有效数字一般保留 1 ~2 位。有关误差的计算,一般只保留 1 ~2 位有效数字,通常要使其值变得更大一些,即只进不舍。

4.可疑测定值的取舍

在分析得到的数据中,常有个别数据特大或特小,偏离其他数值较远的情况。处理这类数据应慎重,不可为单纯追求分析结果的一致性而随便舍弃,应遵循 Q 检验法。

当测定次数 $n = 3 ~ 10$ 时,根据所要求的置信度（如取90%）,按以下步骤检验可疑数据是否应舍弃:

①将各数按递增顺序排列:$x_1, x_2, \cdots, x_n$。

②求出最大值与最小值之差:$x_n - x_1$。

③求出可疑数据与邻近数据之差:$x_n - x_{n-1}$ 或 $x_2 - x_1$。

④求出 $Q = (x_n - x_{n-1}) / (x_n - x_1)$ 或 $Q = (x_2 - x_1)/(x_n - x_1)$。

⑤根据测定次数 n 和要求的置信度（如90%）,查表4.3 得 $Q_{0.90}$。

⑥比较 Q 与 $Q_{0.90}$,若 $Q \geq Q_{0.90}$ 则弃去可疑值;若 $Q < Q_{0.90}$ 则予以保留。

表4.3 不同置信度下舍弃可疑数据的 Q 值表

测定次数 n	置信度			测定次数 n	置信度		
	90%	96%	99%		90%	96%	99%
3	0.94	0.98	0.99	7	0.51	0.59	0.68
4	0.76	0.85	0.93	8	0.47	0.54	0.63
5	0.64	0.73	0.82	9	0.44	0.51	0.60
6	0.56	0.64	0.74	10	0.41	0.48	0.57

例4.1 测某矿石中钒的含量(%),4 次分析测定结果为20.39、20.41、20.40 和20.16,Q 检验法判断20.16 是否舍弃。（置信度为90%）

解:将测定值由小到大排列:20.16、20.39、20.40、20.41

$$Q_{计} = \frac{20.39 - 20.16}{20.41 - 20.16} = \frac{0.23}{0.25} = 0.92$$

查表4.3,在置信度为90%时,当 $n = 4$,$Q_表 = 0.76 < Q_计 = 0.92$。该数值舍弃。

三、分析结果的评价

在研究一个检测分析结果时,通常用精密度、准确度和灵敏度这 3 项指标评价。

(一)精密度

精密度是指多次平行测定结果相互接近的程度。这些测试结果的差异是由偶然误差造成的,它代表着测定方法的稳定性和重现性。

精密度的高低可用偏差来衡量。偏差是指个别测定结果与几次测定结果的平均值之间的差别。测定值越集中,偏差越小,精密度越高;反之,精密度越低。偏差有绝对偏差和相对偏差之分。测定结果与测定平均值之差为绝对偏差,绝对偏差占平均值的百分比为相对偏差。精密度的高低可用相对偏差、相对平均偏差、标准偏差(标准差)、变异系数来表示:

$$相对偏差 = \frac{x_i - \bar{x}}{\bar{x}} \times 100\%$$

$$相对平均偏差 = \frac{\sum |x_i - \bar{x}|}{n\bar{x}} \times 100\%$$

$$标准偏差(s) = \sqrt{\frac{\sum_{i=1}^{n}(x_i - \bar{x})^2}{n-1}}$$

$$变异系数(CV) = \frac{s}{\bar{x}} \times 100\%$$

式中　x_i——各次测定值,$i = 1, 2, \cdots, n$;

$\quad\quad x$——多次测得的算数平均值;

$\quad\quad n$——测定次数。

标准偏差较平均偏差有更多的统计意义,单次测定的偏差平方后,较大的偏差能更显著地反映出来,能更好地说明数据的分散程度。在考虑一种分析方法的精密度时,常用标准偏差和变异系数来表示。

(二)准确度

准确度是指测定值与真实值的接近程度。测定值与真实值越接近,准确度越高。准确度主要是由系统误差决定的,它反映测定结果的可靠性。准确度高的方法精密度必然高,而精密度高的方法准确度不一定高。

准确度高低可用误差来表示。误差越小,准确度越高。误差是分析结果与真实值之差。误差有两种表示方法,即绝对误差和相对误差。绝对误差是指测定结果(通常用平均值代表)与真实值之差;相对误差是绝对误差占真实值的百分率。选择分析方法时,为了便于比较,通常用相对误差表示准确度。

对单次测定值:

$$绝对误差 = x - x_i$$

$$相对误差 = \frac{x - x_i}{x_i} \times 100\%$$

对一组测定值:

$$绝对误差 = \bar{x} - x_i$$

$$相对误差 = \frac{\bar{x} - x_i}{x_i} \times 100\%$$

$$\bar{x} = \frac{1}{n} \sum_{i-1}^{n} x_i$$

式中　X——测定值；

　　　x_i——真实值；

　　　$\bar{x}$——多次测得的算术平均值；

　　　n——测定次数；

　　　x_i——各次测定值，$i=1,2,\cdots,n$。

例如，用分析天平称得某样品 A 的质量为 1.730 8 g,而该样品的真实质量为 1.730 7 g,则样品 A 称量的绝对误差

$$E_A = 1.730 8 \text{ g} - 1.730 7 \text{ g} = 0.000 1 \text{ g}$$

若用同一分析天平称得某样品 B 的质量为 0.173 2 g,其真实质量为 0.173 1 g,则

$$E_B = 0.173 2 \text{ g} - 0.173 1 \text{ g} = 0.000 1 \text{ g}$$

两个样品的质量相差 10 倍,显然样品 A 称量的准确度较样品 B 高,但两者称量的绝对误差均为 0.000 1 g。由此可知,在两者测量值相差较大时,不能用绝对误差比较其测量结果准确度的高低,因为误差在测定结果中所占的比例未能反映出来。而相对误差可以比较各种情况下化学检验结果的准确度。

通常所谓的误差,一般指的是相对误差,上述 A、B 两样品称量的相对误差分别为

$$RE(A) = \frac{1.730 8 - 1.730 7}{1.730 7} \times 100\% = 0.006\%$$

$$RE(B) = \frac{0.173 2 - 0.173 1}{0.173 1} \times 100\% = 0.06\%$$

由计算可知,在绝对误差相同的情况下,当被测定的量较大时,相对误差较小,测定的准确度就比较高。因为测定值可能大于或小于真实值,所以绝对误差和相对误差都有正负之分。当测定值等于真实值时,绝对误差和相对误差都等于零。

某一分析方法的准确度,可通过测定标准试样的误差,或做回收试验计算回收率,以误差或回收率来判断。

在回收试验中,加入已知量的标准物质的样品,称为加标样品,未加标准物质的样品称为未知样品。在相同条件下用同种方法对加标样品和未知样品进行预处理和测定,可计算出加入标准物质的回收率

$$p = \frac{x_1 - x_0}{m} \times 100\%$$

式中　p——加入标准物质的回收率；

　　　m——加入标准物质的量；

　　　x_1——加标样品的测定值；

　　　x_0——未知样品的测定值。

(三)灵敏度

灵敏度是指分析方法所能检测到的最低限量。不同的分析方法有不同的灵敏度,一般而言,仪器分析法具有较高的灵敏度,而化学分析法(质量分析法和容量分析法)的灵敏度相对较低。在选择分析方法时,要根据待测成分的含量范围选择适宜的方法。一般来说,待测成分含量低时,需选用灵敏度高的方法;待测成分含量高时,宜选用灵敏度低的方法,以减少稀释倍数太大所引起的误差。灵敏度的高低并不是评价分析方法好坏的绝对标准。一味追求选用高灵敏度的方法是不合理的。如质量分析法和容量分析法,灵敏度虽不高,但对高含量的组分(如食品的含糖量)的测定能获得满意的结果,相对误差一般为千分之几。相反,对低含量组分(如黄曲霉毒素)的测定,质量分析法和容量分析法的灵敏度一般达不到要求,这时应采用灵敏度较高的仪器分析法。而灵敏度较高的方法相对误差较大,但对低含量组分允许有较大的相对误差。

(四)检出限

检出限是指产生一个能可靠地被检出的分析信号所需要的某元素的最小浓度或含量,而测定限则是指定量分析实际可以达到的极限。当元素在试样中的含量相当于方法的检出限时,虽然能可靠地检测其分析信号,证明该元素在试样中确实存在,但定量测定的误差可能非常大,测量的结果仅具有定性分析的价值。测定限在数值上应总高于检出限。

四、分析误差的来源及控制

(一)误差及其产生原因

误差或测量误差是指测量值与真实值之间的差异,根据误差的性质,可将其分为系统误差、偶然误差和过失误差3大类。

1.系统误差

系统误差是由分析过程中某些固定因素造成的,使测定结果系统地偏高或偏低。系统误差的大小基本恒定不变,并可检定,又称为可测误差。系统误差的原因可以发现,其数值大小可以测定,系统误差是可校正的。常见的系统误差根据其性质和产生的原因,可分为方法误差、仪器误差、试剂误差、操作误差(或主观误差)等。

2.偶然误差

偶然误差是由某些难以控制、无法避免的偶然因素造成的。其大小与正负值都不固定,又称不定误差或随机误差。偶然误差的产生难以找到确定的原因,似乎没有规律性。但如果进行很多次测量,就会发现其服从正态分布规律。偶然误差在分析操作中是不可避免的。

3.过失误差

检测分析工作中除上述两类误差外,还有一类"过失误差"。它是由检测分析人员粗心大意或未按规程操作所造成的误差。在检测分析工作中,当出现的误差值很大时,应分析其原因,如是过失误差引起的,则应舍去该结果。

(二)控制和消除误差的方法

误差的大小,直接关系检测分析结果的精密度与准确度。误差虽然不能完全消除,但是通过选择适当的方法,采取必要的处理措施,可以降低和减少误差的出现,使检测分析结果达到相应的准确度。为此,在检测分析实验中应注意以下几个方面:

1. 选择合适的分析方法

样品中待测成分的检测分析方法往往有多种,但各种分析方法的准确度和灵敏度是不同的。例如,质量分析及容量分析,虽然灵敏度不高,但对常量组分的测定,一般能得到比较满意的检测分析结果,相对误差在千分之几;相反,质量分析及容量分析对微量成分的检测却达不到要求。仪器分析方法灵敏度较高、绝对误差小,但相对误差较大。不过微量或痕量组分的测定常允许有较大的相对误差,这时采用仪器分析是比较合适的。在选择分析方法时,需要了解不同方法的特点及适宜范围,要根据分析结果的要求、被测组分含量以及伴随物质等因素来选择适宜的分析方法。表4.4列举了一般分析中允许相对误差的大致范围,供选择分析方法时参考。

表4.4 一般分析中允许相对误差的范围

单位:%

含量	允许相对误差	含量	允许相对误差	含量	允许相对误差
80~90	0.4~0.1	10~20	1.2~1.0	0.1~1	20~5.0
40~80	0.6~0.4	5~10	1.6~1.2	0.01~0.1	50~20
20~40	1.0~0.6	1~5	5.0~1.6	0.001~0.01	100~50

2. 正确选取样品量

样品中待测组分含量的多少,决定了测定时所取样品的量,取样量多少会影响分析结果的准确度,同时受测定方法的影响。例如,比色分析中,样品中某待测组分与吸光度在某一范围内呈直线关系。应正确选取样品的量,使其待测组分含量在此直线关系范围内,并尽可能在仪器读数较灵敏的范围内,以提高准确度。这可以通过增减取样量或改变稀释倍数等来实现。

3. 计量器具、试剂、仪器的检定、标定或校正

定期将分析用器具等送计量管理部门鉴定,以保证仪器的灵敏度和准确度,用作标准容量的容器或移液管等,最好经过标定,按校正值使用。各种标准溶液应按规定进行定期标定。

4. 增加平行测定次数

测定次数越多,其平均值就越接近真实值,并且会降低偶然误差。一般每个样品应平行测定两次,结果取平均值,如误差较大,则应增加平行测定1次或2次。

5. 做对照试验

在测定样品的同时,可用已知结果的标准样品与测定样品对照,测定样品和标准样品在完全相同的条件下进行测定,最后将结果进行比较。这样可检查发现系统误差的来源,并可消除系统误差的影响。

6. 做空白试验

在测定样品的同时进行空白试验,即在不加试样的情况下,按与测定样品相同的条件(相同的方法、相同的操作条件、相同的试剂加入量)进行试验,获得空白值,在样品测定值中扣除空白值,可消除或减少系统误差。

7. 做回收试验

在样品中加入已知量的标准物质,然后进行对照试验,看加入的标准物质是否定量地回

收,根据回收率的高低可检验分析方法的准确度,并判断分析过程是否存在系统误差。

8.标准曲线的回归

在用比色法、荧光剂色谱法等进行分析时,常配制一套具有一定梯度的标准样品溶液,测定其参数（吸光度、荧光强度、峰高等）,绘制参数与浓度之间的关系曲线,称为标准曲线。在正常情况下,标准曲线应是一条穿过原点的直线。但在实际测定中,常出现偏离直线的情况,此时可用最小二乘法求出该直线的方程,代表最合理的标准曲线。

五、分析结果的报告

（一）检验记录的填写

填写检验记录的注意事项如下:

①填写内容要真实、完整、正确,记录方式简单明了。

②记录内容包括样品来源、名称、编号,采样地点,样品处理方式,包装与保管等情况,检测分析项目,采用的检测分析方法,检验依据（标准）。

③操作记录要记录操作要点,操作条件,试剂名称、纯度、浓度、用量,意外问题及处理。

④要求字迹清楚整齐,用钢笔填写,不允许随意涂改,只能修改,但一般不能超过3处。更正方法是:在需更正部分画两条平行线后,在其上方写上正确的数字和文字（实际岗位要求加盖更改人印章）。

⑤数据记录要根据仪器准确度要求记录。如果操作过程错误,得到的数据必须舍去。

（二）检验报告的格式

检验报告的格式没有统一要求,以一种检验报告的格式为例（表4.5）,简要说明检验报告包括的主要内容及需填写的项目。

表4.5　食品理化检验报告单

样品名称			规格型号		
产品批(机)号		样品数量		代表数量	
生产日期		检测日期		报告日期	
检测依据					
检测项目	检测结果		标准要求		本项结论
检测结论	检测专用章				
技术负责人		复核人		检测人	
备注					

思考与练习

一、填空题

1.分析天平是＿＿＿＿分析工作中最重要、最常用的精密称量仪器,其称量的准确度对分析的结果影响很大。

2. 分析天平有_____和_____两种,以杠杆原理构成的为_____,使用原理直接显示质量读数的为_____。

3. 天平在初次接通电源或长时间断电后开机时,至少需要_____ min 的预热时间。实验室电子天平在通常情况下,不要_____电源。

二、选择题

1. 使用万分之一分析天平用差减法进行称量时,为使称量的相对误差在 0.1% 以内,试样质量应(　　　)。

A. 在 0.2 g 以上　　　B. 在 0.2 g 以下　　　C. 在 0.1 g 以上　　　D. 在 0.4 g 以上

2. 系统误差的性质是(　　　)。

A. 随机产生　　　B. 具有单向性　　　C. 呈正态分布　　　D. 难以测定

3. 下列各措施中可减小偶然误差的是(　　　)。

A. 校准砝码　　　B. 进行空白试验　　　C. 增加平行测定次数　　　D. 进行对照试验

4. 下述论述中错误的是(　　　)。

A. 方法误差属于系统误差　　　　　　B. 系统误差包括操作误差

C. 系统误差呈现正态分布　　　　　　D. 系统误差具有单向性

5. 由分析操作过程中某些不确定的因素造成的误差称为(　　　)。

A. 绝对误差　　　B. 相对误差　　　C. 系统误差　　　D. 随机误差

6. 在滴定分析法测定中出现的下列情况,(　　　)属于系统误差。

A. 试样未经充分混匀　　　　　　　　B. 滴定管的读数读错

C. 滴定时有液滴溅出　　　　　　　　D. 砝码未经校正

7. 用存于有干燥剂的干燥器中的硼砂标定盐酸时,会使标定结果(　　　)。

A. 偏高　　　B. 偏低　　　C. 无影响　　　D. 不能确定

8. 比较下列两组测定结果的精密度(　　　)。

甲组: 0.19%、0.19%、0.20%、0.21%

乙组: 0.18%、0.20%、0.20%、0.21%、0.22%

A. 甲、乙两组相同　　　　　　　　　　B. 甲组比乙组高

C. 乙组比甲组高　　　　　　　　　　D. 无法判别

9. 测量结果与被测量真值之的一致程度,称为(　　　)。

A. 重复性　　　B. 再现性　　　C. 准确性　　　D. 精密性

10. 3 个人对同一样品的分析、采用同样的方法,测得结果为:甲:31.27%、31.26%、31.28%;乙:31.17%、31.22%、31.21%;丙:31.32%、31.28%、31.30%。则甲、乙、丙 3 个人精密度的高低顺序为(　　　)。

A. 甲>丙>乙　　　B. 甲>乙>丙　　　C. 乙>甲>丙　　　D. 丙>甲>乙

11. 十万分之一天平的感量为(　　　);万分之一天平的感量为(　　　);千分之一天平的感量为(　　　)。

A. 0.01 g　　　B. 0.001 g　　　C. 0.000 1 g　　　D. 0.000 01 g

E. 0.000 001 g

三、判断题

1. 器皿不洁净、溅失试液、读数或记录差错都可造成偶然误差。   （   ）
2. 容量瓶与移液管不配套会引起偶然误差。   （   ）
3. 在没有系统误差的前提条件下，总体平均值就是真实值。   （   ）
4. 在消除系统误差的前提下，平行测定的次数越多，平均值越接近真值。   （   ）
5. 测定结果精密度好，不一定准确度高。   （   ）
6. 精密度高，准确度就一定高。   （   ）
7. 准确度表示分析结果与真实值接近的程度。它们之间的差别越大，准确度越高。（   ）
8. 准确度是测定值与真实值之间接近的程度。   （   ）
9. 平均偏差常用来表示一组测量数据的分散程度。   （   ）
10. 平均偏差与标准偏差一样都能准确反映结果的精密程度。   （   ）
11. 相对误差会随着测量值的增大而减小，消耗标准溶液的量多误差小。   （   ）
12. 某物质的真实质量为 1.00 g，用天平称量称得 0.99 g，则相对误差为 1%。（   ）
13. 误差是指测定值与真实值之间的差值，误差相等时说明测定结果的准确度相等。

（   ）

14. 用氧化还原法测得某样品中 Fe 含量分别为 20.01%、20.03%、20.04%、20.05%，则这组测量值的相对平均偏差为 0.06%。   （   ）
15. $0.650 \times 100 = 0.630 \times (100 + V)$ 中求出的 V 有 3 位有效数字。 （   ）
16. 有效数字中的所有数字都是准确有效的。   （   ）
17. 在分析数据中，所有的"0"都是有效数字。   （   ）
18. 6.785 0 修约为 4 位有效数字是 6.788。   （   ）
19. 做空白试验，可以减少滴定分析中的偶然误差。   （   ）
20. 对照试验是用以检查试剂或蒸馏水是否含有被鉴定离子。   （   ）

四、简答题

1. 电子天平为什么必须预热？为什么必须校准才能使用？
2. 对称量结果有疑问时，怎样区别是天平和砝码不合格引起的问题，还是操作有误引起的问题？
3. 影响天平称量准确度的因素有哪些？
4. 指定质量的称量法和减量法对样品性质的要求有何不同？
5. 直接称量法、差减称量法分别适合在什么情况下使用？
6. 用托盘天平称量物质的质量，大致分为哪几个步骤？
7. 用托盘天平称量物质质量加码时的原则是什么？
8. 用托盘天平称量干燥的、易潮解的固体药品的方法各是什么？
9. 托盘天平在使用过程中，取用砝码和拨动游码的正确方法是什么？

项目四课件   参考答案   拓展阅读

项目五

化学试剂和溶液配制

◇**知识目标**

- 了解化学试剂的分类及我国通用化学试剂的级别和标签颜色。
- 了解标准物质的作用及使用注意事项。
- 了解我国基准试剂的分类和相关标准。

◇**能力目标**

- 学习化学试剂的规格和使用范围。
- 学会固体和液体试剂的取用方法及常用化学试剂的保管方法。

◇**思政目标**

- 化学药品多易燃、易爆,有毒,树立安全意识,坚守良知,对法律长存敬畏之心。
- 与安全教育形成协同作用,培养学生敬畏生命、勇于担当的价值观。

任务一 化学试剂

化学试剂是检测操作技术实验中使用率最高的物品,是用以研究其他物质的组成、性质及其质量优劣的纯度较高的化学物质。

一、化学试剂的规格

根据国家标准(GB),一般化学试剂按其纯度和杂质含量的高低分为标准试剂、普通试剂、高纯试剂和专用试剂4级。

1. 标准试剂

标准试剂是指用于衡量其他(待测)物质化学量的标准物质。其产品一般由大型试剂厂生产,并严格按照国家标准(GB)进行检验。其特点是主体成分含量高且准确可靠,习惯称为基准试剂。

2.普通试剂

普通试剂是指实验室广泛使用的通用试剂,一般可分为 4 个等级,其规格及适用范围见表 5.1。

表 5.1　普通试剂的规格及适用范围

试剂级别	名称	符号	标签颜色	适用范围
一级品	优级纯	GR	绿色	纯度很高,适用于精密分析及科学研究工作
二级品	分析纯	AR	红色	纯度仅次于一级品,主要用于一般分析测试、科学研究及教学实验工作
三级品	化学纯	CP	蓝色	纯度较二级差,适用于教学或精度不高的分析测试工作和无机、有机化学实验
四级品	实验试剂	LR	棕色或黄色	纯度较低,只能用于一般性化学实验及教学工作

3.高纯试剂

高纯试剂的主体成分含量通常与优级纯试剂相当,但杂质含量比优级纯或基准试剂都低,而且现定的杂质检测项目比优级纯或基准试剂多 1~2 倍。高纯试剂主要用于微量分析中的试样分解及试液制备。目前只有近 10 种高纯试剂的国家标准,其他产品一般执行企业标准,在标签上标有"特优"或"超优"字样。

4.专用试剂

专用试剂是一类具有特殊用途的试剂。该试剂与高纯试剂相似之处是主体成分含量高,而杂质含量很低;它与高纯试剂的区别是在特定用途中,有干扰的杂质成分只需控制在不致产生明显干扰的限度以下。

此外,用于各种生物化学实验的生化试剂以及指示剂属于一般试剂。

按规定,试剂瓶的标签上应标示试剂的名称、化学式、摩尔质量、级别、技术规格、产品标准号、生产许可证号(部分常用试剂)、生产批号、厂名等,危险品和毒品还应给出相应的标志。

二、化学试剂的取用

1.化学试剂的包装规格

包装单位的大小根据化学试剂的性质、用途和经济价值而定。一般性质越活泼或越贵重,包装单位越小。包装单位是指每个包装容器内盛装化学试剂的净质量(固体)或体积(液体)。我国规定化学试剂以下列 5 类包装单位包装:

第一类:0.1 g、0.25 g、0.5 g、1 g、5 g 或 0.5 mL、1 mL。

第二类:5 g、10 g、25 g 或 5 mL、10 mL、25 mL。

第三类:25 g、50 g、100 g 或 25 mL、50 mL、100 mL,如以安瓿球包装的液体化学试剂增加

20 mL 包装单位。

第四类:100 g、250 g、500 g 或 100 mL、250 mL、500 mL。

第五类:500 g、1~5 kg(每 0.5 kg 为一间隔)或 500 mL、1 L、2.5 L、5 L。

此外,应根据化学试剂的性质选择包装材料,并且要执行国家标准。化学试剂的包装标志均应注明试剂名称、含量、类别、产品标准、生产厂家、生产批号(或生产日期)及杂质含量等。

2. 化学试剂的选用

试剂的纯度越高其价格越高,应根据实验要求,本着节约的原则,合理选用不同级别的试剂。不可盲目追求高纯度而造成浪费,也不能随意降低规格而影响测定结果的准确度,在能满足实验要求的前提下,尽量选用低价位的试剂。

在进行痕量分析时应选用高纯或优级纯试剂,以降低空白值,避免杂质干扰;在进行仲裁分析或试剂检验时应选用优级纯、分析纯;一般车间分析可选用分析纯、化学纯;某些制备实验、冷却浴或加热浴用的试剂可选用实验试剂或工业品。

使用试剂时应注意其级别应与相应级别的纯水以及容器匹配使用。

3. 使用化学试剂的注意事项

①不能使用变质的试剂,使用前应根据颜色、形态、气体的产生以及定性分析实验判断化学试剂是否变质。

②正确取用化学试剂,确保实验能正常进行并节约试剂。

③正确储存化学试剂,防止标签被腐蚀、试剂失效或出现安全事故。

④了解所用试剂的性质,避免中毒事故的发生。

4. 化学试剂的取用

化学试剂一般在准备实验时分装,固体试剂一般盛放在易于取用的广口瓶中。液体试剂和配制的溶液则盛放在易于倒取的细口瓶中,一些用量小而使用频繁的试剂,如指示剂、定性分析试剂等可盛放在滴瓶中。在取用试剂前要核对标签,确认无误后才能取用。

取用试剂必须遵守以下原则:不弄脏试剂,试剂不能用手接触,固体试剂用洁净的药匙,多余的试剂绝不允许倒回原试剂瓶。试剂瓶盖绝不能张冠李戴。节约试剂,在实验中,试剂用量按规定量取,若书上没有注明用量,应尽可能取用少量,如取多了,将多余的试剂分给其他需要的同学使用,或放到指定的容器中供他人使用。取用易挥发的试剂,如 HCl、浓 HNO_3、溴等,应在通风橱中操作,防止污染室内空气。取用剧毒及强腐蚀性药品要注意安全,不要碰到手上以免发生伤害事故。

(1)固体试剂的取用

①取用固体试剂一般用洁净干燥的药匙,专匙专用,用过的药匙必须洗净擦干后才能再用,如图 5.1(a)所示。有时也用纸条取用固体试剂,如图 5.1(b)所示。对块状固体可用干净干燥的镊子夹取,如图 5.1(c)和(d)所示。

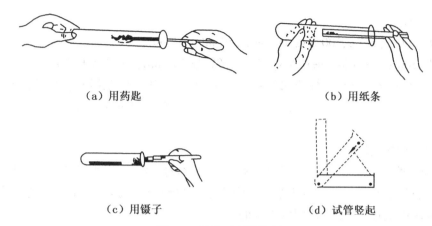

（a）用药匙　　　　　　　　　　　（b）用纸条

（c）用镊子　　　　　　　　　　（d）试管竖起

图5.1　固体试剂的取用

②称取一定量固体试剂时,可将试剂放到纸上、表面皿等干燥洁净的玻璃容器或者称量瓶内,根据要求在天平(托盘天平、1/100 g天平或分析天平)上称量。称量具有腐蚀性或易潮解的试剂时,不能放在纸上,应放在表面皿等玻璃容器内。

③颗粒较大的固体应在研钵中研碎,研钵中所盛固体量不得超过容积的1/3。

④有毒药品要在教师指导下取用。

（2）液体试剂的取用

①从试剂瓶中取用液体时,将试剂瓶瓶塞倒放在桌上或用食指与中指夹住,右手握住瓶子,使试剂瓶标签向着掌心,以瓶口靠住容器口内壁,缓缓倾出所需液体,让液体沿着器皿往下流,如图5.2(a)所示。若所用容器为烧杯,则右手握试剂瓶,左手拿玻璃棒,使玻璃棒的下端斜靠在烧杯内壁,将瓶口靠玻璃棒上,使液体沿着玻璃棒往下流,如图5.2(b)所示。倒完后应将瓶口在容器内壁(或玻璃棒)上靠一下,再使瓶子竖直,以避免液滴沿试剂瓶外壁流下,然后立即将瓶塞盖上。

②从滴瓶中取用液体试剂时,将滴管提出液面,用手指紧捏胶帽排出管中空气,然后插入液体中,慢慢放松手指吸入液体。垂直拿好滴管,将液体逐滴加入接收器中,滴管不能伸入接收器中,如图5.2(c)所示。滴管用毕,应将剩余液体试剂滴原滴瓶中,滴管放在原滴瓶上。滴管不能盛液倒置或管口向上倾斜放置,以免试剂被胶帽污染或者试剂腐蚀胶帽,滴管应专用。

（a）向试管中倒液体　　　　（b）向烧杯中倒液体　　　　（c）用滴管取用液体

图5.2　液体试剂的取用

③用量筒量取液体试剂如图5.3所示。对无色液体,视线应与液面最低处(弯月面底部)相切,读取弯月面底部的刻度;对有色液体,视线应与最高液面相平,读取相应的刻度;对不浸润玻璃的液体如水银,视线应与凸液面的上部相平,读取相应的刻度。对量筒内液体体积的读数如图5.4所示。

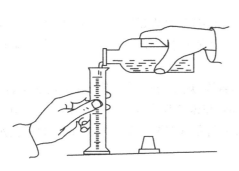
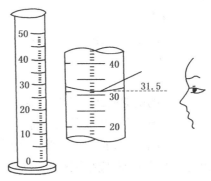

图5.3　用量筒量取液体　　　　　　图5.4　对量筒内液体体积的读数

④用吸管取试剂溶液时,不能用未经洗净的同一吸管插入不同的试剂瓶中取用。

(3)试剂取用的估量

有些化学试剂的用量通常不要求十分准确,不必称量或量取,估量即可。

①对液体试剂,一般滴管的20~25滴约为1 mL,10 mL试管中试液约占1/5,试液约为2 mL。不同的滴管,滴出的每滴液体的体积不相同,可用滴管将液体(如水)滴入干燥的量筒,测量滴至1 mL的滴数,即可求算出1滴液体的体积。

②对固体试剂,常要求取少量,可用药匙的小头取一平匙即可。有时要求取米粒、绿豆粒或黄豆粒大小等,所取量与之相当即可。

三、化学试剂的保管

化学试剂的保管在检测操作技术实验室中是一项重要的管理工作。一般的化学试剂应保存在通风、干燥、洁净的房间里,防止水分、灰尘污染和变质。氧化剂、还原剂应密封、避光保存。易挥发和低沸点试剂应置低温阴暗处存放。易侵蚀玻璃的试剂应保存于塑料瓶内,易燃易爆试剂应有安全措施。剧毒试剂应由专人妥善保管,用时严格登记。

1.塑料瓶中保存

氢氟酸及氟盐(氟化钾、氟化钠、氟化铵)、苛性碱(氢氧化钾、氢氧化钠)等容易侵蚀玻璃而影响试剂纯度,应保存在塑料瓶或涂有石蜡的玻璃瓶中。

2.棕色瓶中保存

过氧化氢、硝酸银、焦性没食子酸、高锰酸钾、草酸、铋酸钠等见光会逐渐分解的试剂,氯化亚锡、硫酸亚铁、亚硫酸钠等与空气接触易逐步被氧化的试剂,以及溴、氨水及乙醇等易挥发的试剂,应放在棕色瓶内置冷暗处保存。

3.密封保存

无水碳酸盐、氢氧化钠、过氧化钠等吸水性强的试剂应严格密封(蜡封)保存。

4.分别保存

挥发性的酸与氨、氧化剂与还原剂等相互易作用的试剂,易燃的试剂如乙醇、乙醚、苯、丙酮与易爆炸的试剂如高氯酸、过氧化氢、硝基化合物应分开存放在阴凉通风,不受阳光直接照射的地方。

5.特别保存

氰化钾、氰化钠、氢氟酸、氯化汞、三氧化二砷(砒霜)等剧毒试剂应由多人保管,经一定手续取用,以免发生事故。易吸湿或氧化的试剂则应储存于干燥器中。金属钠要浸在煤油中。白磷要浸在水中。

盛装试剂的试剂瓶都应贴上标签,写明试剂的名称、规格、日期等,不可在试剂瓶中装入与标签不符的试剂,以免造成差错。标签脱落的试剂,在未查明前不可使用。标签最好用碳素墨水书写,以保存字迹长久。标签的四周要剪齐,并贴在试剂瓶的2/3处,以使其整齐美观。

使用标准溶液前,应把试剂充分摇匀。

任务二   溶液的配制

一、一般溶液的配制

1.溶液浓度的表示

①用溶质与溶剂的相对量表示,如质量分数、摩尔分数、质量摩尔浓度等。

a.质量分数:溶质的质量与溶液的质量之比称为溶质的质量分数。

b.摩尔分数:溶液中某一组分的物质的量与溶液中各组分(溶质和溶剂)物质的量总和之比,称为该组分的摩尔分数。

c.质量摩尔浓度:溶液中溶质B的物质的量(以mol为单位)除以溶剂的质量(以kg为单位),称为溶质B的质量摩尔浓度,单位为mol/kg。

d.体积比浓度:用溶质与溶剂的体积之比表示。

②用一定体积溶液中所含溶质的量表示,如物质的量浓度、质量浓度、体积百分比浓度等。

a.物质的量浓度:用1 L溶液中所含溶质的物质的量来表示溶液的浓度称为物质的浓度,单位为mol/L。

b.质量浓度:用1 L溶液中所含溶质的质量来表示溶液的浓度称为质量浓度,单位为g/L、mg/L等。

c.体积分数:溶质为液体时用体积百分比浓度表示,即每100 mL溶液中所含溶质的毫升数;溶质为固体时用质量百分比浓度表示,即每100 mL溶液中所含溶质的克数。

2.一般溶液的配制

一般溶液配制时,浓度要求不需要十分准确,固体溶质可在托盘天平上称其质量;液体溶剂或试剂可用量筒量取其体积。配制时将固体溶质或液体试剂置于烧杯中,加水溶解并稀释至所需体积即可。若溶解过程放热,则需冷却至室温后再稀释。若经常使用大量溶液,可配制所需浓度10倍的储备液,用时稀释10倍即可。

3. 溶液配制中的注意事项

①若所配制溶液需要的溶质质量很少时,可用分析天平称量。

②若物质混合时放出大量的热,如浓硫酸与浓硝酸混合时,应把密度较大的浓硫酸沿器壁慢慢注入浓硝酸中,并用玻璃棒不断搅拌。

二、标准溶液的配制

1. 基准物质

基准物质是一种高纯度的,组成与化学式高度一致的化学稳定的物质(基准试剂或优级纯物质)。基准物质应该符合以下要求:

①组成与它的化学式严格相符。

②纯度高,应大于等于99.9%。

③很稳定,一般情况下不易失水、吸水或变质。

④参加反应时,按反应式定量进行,不发生副反应。

⑤最好有较大的式量,在配制标准溶液时可以称取较多的量,以减少称量误差。

基准物质用来直接配制基本标准溶液,但在较多情况下,常用来校准或标定某未知溶液的浓度。

常用的标准物质有重铬酸钾、碳酸钾、氯化钠、邻苯二甲酸氢钾、草酸、硼砂等纯化合物。

2. 标准溶液的配制

标准溶液是已知准确浓度的试剂溶液,其配制方法有直接法和间接法两种。

(1)直接法

准确称取一定量的物质,溶解后小心转移到容量瓶内,然后稀释到一定体积,根据物质的质量和溶液的体积,可计算出该溶液的准确浓度。能用于直接配制标准溶液的物质为基准物质。

由固体配制一定体积、一定物质的量浓度的溶液时,要根据要求用公式 $m=CVM$(C 为溶液物质的量浓度,单位 mol/L;V 为所配制溶液的体积,单位 L;M 为溶质的摩尔质量,单位 g/mol)计算所需固体溶质的质量,再用分析天平称量固体溶质,放入小烧杯中,先加少量水,用玻璃棒搅拌,使之溶解并冷却后,用玻璃棒将溶液转移至规格为所配制溶液体积的容量瓶中,再用少量蒸馏水洗涤烧杯和玻璃棒 2~3 次,将每次洗涤液均注入容量瓶中,振荡容量瓶中的溶液使之混合均匀,方法如图 5.5 所示,最后将配好的溶液转移至指定试剂瓶中,贴标签保存。

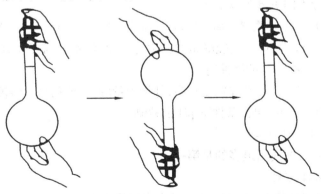

图 5.5　用容量瓶配制溶液操作

由浓溶液配制一定物质的量浓度的稀溶液时,要根据 $C_1V_1=C_2V_2$(C_1 为浓溶液的浓度,V_1 为浓溶液的体积,C_2 为稀溶液的浓度,V_2 为稀溶液的体积)计算所需浓溶液的体积,用移液管或滴定管量取浓溶液,置于小烧杯中,加少量水稀释,冷却后用玻璃棒将溶液转移至规格为所配制溶液体积的容量瓶中,再用少量蒸馏水洗涤烧杯和玻璃棒 2～3 次,将每次洗涤液均注入容量瓶中,振荡容量瓶中的溶液使之混合均匀,最后将配好的溶液转移至指定试剂瓶中,贴标签保存。

(2)间接法

大多数物质不宜用直接法配制,如浓盐酸易挥发、氢氧化钠易吸收空气中的水和二氧化碳,不能直接配制准确浓度的标准溶液,只能用间接配制法。粗略称取一定量物质或量取一定量体积溶液,配制成接近于所需浓度的溶液,然后用基准物质或另一种已知浓度的标准溶液来测定其浓度,这种确定溶液浓度的操作称为标定。

3. 溶液浓度的标定

(1)用基准物质标定

称取一定量的基准物质,溶解后用待标定的溶液滴定,然后根据基准物质的质量及待标定的溶液所消耗的体积,可算出待标定溶液的准确浓度,如盐酸可用基准物质 Na_2CO_3 标定。

(2)用标准溶液标定

准确吸取一定量的待标定溶液,用已知准确浓度的标准溶液滴定,然后根据两种溶液的体积和标准溶液的浓度,可计算出待标定溶液的准确浓度,如盐酸可用 NaOH 标准溶液标定。该方法会因标准溶液浓度不准确影响待标定溶液的准确性,标定时更多采用基准物质标定。

三、缓冲溶液的配制

缓冲溶液是能抵抗少量外来强酸、强碱或少量稀释而维持其 pH 值几乎不变的溶液。它能稳定溶液酸度,不致因外加少量酸、碱或本身的稀释而使 pH 值发生显著改变。就作用而言缓冲溶液分为两类:一类是用于控制溶液酸度的一般缓冲溶液;另一类是用于测量溶液 pH 值时的参照溶液。常用的缓冲溶液有弱酸及其盐的混合溶液,如 HAc 与 NaAc;弱碱及其盐的混合溶液,如 $NH_3 \cdot H_2O$ 与 NH_4Cl 等。

1. 缓冲溶液的组成

缓冲溶液按组分不同可分为以下 3 类:

①由弱酸(碱)与其共轭酸(碱)组成的体系,如 $HAc\text{-}Ac^-$、$NH_4^+\text{-}NH_3$、$H_2CO^-\text{-}HCO_3^-$、$(CH_2)_6N_4H^+\text{-}(CH_2)_6N_4$ 等,以上共轭酸碱对又称为缓冲对,不同的缓冲对对应不同的 pH,可根据需要的 pH 范围选择适当的缓冲对。

②强酸或强碱溶液。其酸度或碱度较高,外加少量酸、碱或稀释时溶液 pH 的相对改变不大。此类体系主要用于强酸(碱)条件下 pH 的控制。

③弱酸弱碱盐,如 NH_4Ac。

以上 3 种缓冲溶液中使用最多的是第一类。

2. 缓冲溶液的基本原理

以 HAc-NaAc 缓冲溶液为例,HAc 水溶液存在以下平衡:

$$HAc \rightleftharpoons H^+ + Ac^-$$

HAc 只有部分电离,而加入的 NaAc 完全电离,使体系中 Ac 浓度增大。由于同离子效应,抑制了 HAc 电离,溶液中 H⁺ 浓度相对较低。当加入少量强酸 HCl(相当于加 H⁺)时,H⁺ 浓度增大,使上述平衡向左移动,H⁺ 与 Ac 结合成 HAc,溶液中 H⁺ 的量基本保持不变,即保持溶液 pH 基本不变。当加入少量强碱 NaOH(相当于加 OH⁻)时,加入的 OH⁻ 与溶液中 H⁺ 结合生成水,使 H⁺ 浓度降低,平衡向右移动,抵消了外加少量的 OH⁻,使 H⁺ 浓度基本保持不变,pH 几乎不变。当加少量水稀释时,H⁺ 浓度会降低,但上述平衡会向右移动,结果会使溶液中 H⁺ 浓度变化不大,溶液 pH 值基本不变。弱碱及其共轭酸的缓冲作用原理与此类似。

若外界加入大量强酸、强碱,使起缓冲作用的物质消耗尽时,缓冲作用消失。缓冲溶液的缓冲能力是有限的。

3. 缓冲溶液的配制

在配制缓冲溶液时应注意,既要有一定的 pH 值,又要有较大的缓冲容量。必须选择合适的缓冲对,即选择作为酸碱成分的 pK_a 与欲配制的缓冲溶液的 pH 值尽量接近的缓冲对,同时所配制的缓冲溶液要有一定的总浓度,一般总浓度为 0.050 ~ 0.20 mol/L。

以下为几种普通缓冲溶液的配制方法:

氨基乙酸-HCl 缓冲溶液(pH=2.3):将 150 g 氨基乙酸溶于 500 mL 水中,加 80 mL 浓盐酸,用蒸馏水稀释至 1 L。

$H_3PO_4^-$ 柠檬酸盐缓冲溶液(pH=2.5):将 113 g $Na_2HPO_4 \cdot 12H_2O$ 溶于 200 mL 水中,加 387 g 柠檬酸,溶解过滤后,用蒸馏水稀释至 1 L。

一氯乙酸-NaOH 缓冲溶液(pH=2.8):将 200 g 一氯乙酸溶于 200 mL 水中,加 40 g 氢氧化钠,溶解后用蒸馏水稀释至 1 L。

邻苯二甲酸氢钾-HCl 缓冲溶液(pH=2.93):将 500 g 邻苯二甲酸氢钾溶于 500 mL 水中,加 80 mL 浓盐酸,用蒸馏水稀释至 1 L。

甲酸-NaOH 缓冲溶液(pH=3.7):将 95 g 甲酸和 40 g 氢氧化钠溶于 500 mL 水中,用蒸馏水稀释至 1 L。

NH_4Ac-HAc 缓冲溶液(pH=4.5):将 27 g NH_4Ac 溶于 200 mL 水中,加 59 mL 冰醋酸,用蒸馏水稀释至 1 L。

NaAc-HAc 缓冲溶液(pH=4.7):将 83 g 无水 NaAc 溶于水中,加 60 mL 冰醋酸,用蒸馏水稀释至 1 L。

4. 缓冲溶液的选择

缓冲溶液应对分析实验过程没有干扰,并有足够的缓冲容量。组成缓冲溶液的酸值或碱值应接近所需控制的 pH 值。

任务三　常用法定计量单位

法定计量单位是由国家以法令形式规定使用或允许使用的计量单位。我国的法定计量单位是以国际单位制单位为基础,结合我国的实际情况制定的。国际单位制的全称是 International Sys-tem of Units,简称 SI。1971 年第 14 届国际计量大会(CGPM)决定,在国际单位制中增加第 7 个基本单位摩尔,简称摩,符号用 mol 表示。这 7 个基本量及其单位和代表它们的符号见表5.2。

表5.2　SI 基本单位

量的名称	单位名称	符号	量的名称	单位名称	符号
长度	米	m	热力学温度	开[尔文]	K
质量	千克(公斤)	kg	物质的量	摩[尔]	mol
时间	秒	s	光强度	坎[德拉]	cd
电流	安[培]	A			

摩尔是物质的量的单位,起着统一克分子、克原子、克当量、克离子等的作用,同时也将物理学上的光子、电子及其他粒子群等物质的量包括在内,从而使物理学和化学上的这一基本量有了统一的单位。1984年3月9日国家计量局发布的《全面推行我国法定计量单位的意见》中要求,"教育部门'七五'期间要在所有新编教材中普遍使用法定计量单位,必要时可对非法定计量单位予以介绍"。1985年9月6日第六届全国人大常委会通过了"中华人民共和国计量法",计量法自1986年7月1日起实施。1991年起除个别领域外,不允许再使用非法定计量单位。本书将统一采用法定计量单位,为了方便读者阅读过去的文献资料,必要时介绍一些以前常用的非法定计量单位。

1. 物质的量

"物质的量"是一个物理量的整体名称,不要将"物质"与"量"分开来理解,它是表示物质的基本单元多少的一个物理量,国际上规定的符号为 n_B,并规定它的单位名称为摩尔,符号为mol,中文符号为摩。

1 mol 是指系统中物质单元 B 的数目与 0.012 kg 碳-12 的原子数目相等。系统中物质单元 B 的数目是 0.012 kg 碳-12 的原子数的几倍,物质单元 B 的物质的量 n_B 就等于几摩尔(mol),在使用摩尔(mol)时其基本单元应予指明,它可以是原子、分子、离子、电子及其他粒子和这些粒子的特定组合。

例如,在表示硫酸的物质的量时:

①以 H_2SO_4 作为基本单元98.08 g 的 H_2SO_4,其 H_2SO_4 的单元数与 0.012 kg 碳-12 的原子数目相等,这时硫酸的物质的量为 1 mol。

②以 1/2 H_2SO_4 作为基本单元98.08 g 的 H_2SO_4,其 1/2 H_2SO_4 的单元数是 0.012 kg 碳-12 的原子数目的两倍,这时硫酸的物质的量为 2 mol。

由此可知相同质量的同一物质,所采用的基本单元不同,其物质的量值也不同。在以物质的量的单位摩尔(mol)作单位时,必须标明其基本单元,物质的量的单位在分析化学中除用摩尔还常用毫摩。例如,1 mol H,具有质量 1.008 g;1 mol H_2,具有质量 2.016 g;1 mol 1/2 Na_2CO_3,具有质量53.00 g;1 mol 1/5 $KMnO_4$,具有质量31.60 g。

2. 质量

质量习惯上称为重量,用符号 m 表示。质量的单位为千克(kg),在分析化学中常用克(g)、毫克(mg)、微克(μg)和纳克(ng)。它们的关系为:1 kg=1 000 g;1 g=1 000 mg;1 mg=1 000 μg;1 μg=1 000 ng。例如,1 mol NaOH,具有质量40.00 g。

3.体积

体积或容积用符号 V 表示,国际单位为立方米(m^3),在分析化学中常用升(L)、毫升(mL)和微升(μL)。它们之间的关系为:$1\ m^3 = 1\ 000\ L$;$1\ L = 1\ 000\ mL$;$1\ mL = 1\ 000\ \mu L$。

4.摩尔质量

摩尔质量定义为质量(m)除以物质的量(n_B)。

摩尔质量的符号为 M_B,单位为千克/摩(kg/mol),即

$$M_B = \frac{m}{n_B}$$

摩尔质量在分析化学中是一个非常有用的量,单位常用克/摩(g/mol)。当已确定了物质的基本单元之后,就可知道其摩尔质量。

5.摩尔体积

摩尔体积定义为体积(V)除以物质的量(n_B)。

摩尔体积的符号为 V_m,国际单位为米^3/摩(m^3/mol),常用单位为升/摩(L/mol),即

$$V_m = \frac{V}{n_B}$$

6.密度

密度作为一种量的名称,符号为 ρ,单位为千克/米^3(kg/m^3),常用单位为克/厘米^3(g/cm^3)或克/毫升(g/mL)。由于体积受温度的影响,对密度必须注明有关温度。

7.元素的相对原子质量

元素的相对原子质量,是指元素的平均原子质量与^{12}C 原子质量的1/12 之比。

元素的相对原子质量用符号 Ar 表示,此量的量纲为1,以前称为原子量。

例如,Fe 的相对原子质量为55.85;Cu 的相对原子质量为63.55。

8.物质的相对分子质量

物质的相对分子质量,是指物质的分子或特定单元平均质量与^{12}C 原子质量的1/12 之比。

物质的相对分子质量用符号 M_r 表示。此量的量纲为1,以前称为分子量。

例如,CO_2 的相对分子质量为44.01;$1/3 H_3PO_4$ 的相对分子质量为32.67。

任务四　配制溶液注意事项

①分析实验所用的溶液应用纯水配制,容器应用纯水洗3 次以上,特殊要求的溶液应事先作纯水的空白检验,如配制 $AgNO_3$ 溶液,应检验水中无 Cl^-,配制用于 EDTA 的配位滴定的溶液应检验水中无杂质阳离子。

②溶液要用带塞的试剂瓶盛装,见光易分解的溶液要装于棕色瓶中,挥发性试剂如用有机溶剂配制的溶液,瓶塞要严密,见空气易变质及放出腐蚀性气体的溶液瓶塞要盖紧,长期存放时要用蜡封住。浓碱溶液应用塑料瓶装,如装在玻璃瓶中,要用橡皮塞塞紧,不能用玻璃磨口塞。

③每瓶试剂溶液必须有标明名称、规格、浓度和配制日期的标签。

④溶液储存时可能的变质原因如下:

a. 玻璃与水和试剂作用或多或少会被侵蚀(特别是碱性溶液),使溶液中含有钠、钙、硅酸盐等杂质。某些离子被吸附于玻璃表面,这对低浓度的离子标准液不可忽略。低于 1 mg/mL 的离子溶液不能长期储存。

b. 试剂瓶密封不好,空气中的 CO_2、O_2、NH_3 或酸雾侵入使溶液发生变化,如氨水吸收 CO_2 生成 NH_4HCO_3,KI 溶液见光易被空气中的氧氧化生成 I_2 而变为黄色,$SnCl_2$、$FeSO_4$、Na_2SO_3 等还原剂溶液易被氧化。

c. 某些溶液见光分解,如硝酸银、汞盐等。有些溶液放置时间较长后逐渐水解,如铋盐、锑盐等。$Na_2S_2O_3$ 还能受微生物作用逐渐使浓度变低。

d. 某些配位滴定指示剂溶液放置时间较长后发生聚合和氧化反应等,不能敏锐指示终点,如铬黑 T、二甲酚橙等。

e. 易挥发组分的挥发,使浓度降低,导致实验出现异常现象。

⑤配制硫酸、磷酸、硝酸、盐酸等溶液时,都应把酸倒入水中。对溶解时放热较多的试剂,不可在试剂瓶中配制,以免炸裂。配制硫酸溶液时,应将浓硫酸分为小份慢慢倒入水中,边加边搅拌,必要时以冷水冷却烧杯外壁。

⑥用有机溶剂配制溶液时(如配制指示剂溶液),有时有机物溶解较慢,应不时搅拌,可以在热水浴中温热溶液,不可直接加热。易燃溶剂使用时要远离明火。几乎所有的有机溶剂都有毒,应在通风柜内操作。应避免有机溶剂不必要的蒸发,烧杯应加盖。

⑦要熟悉一些常用溶液的配制方法,如碘溶液应将碘溶于较浓的碘化钾水溶液中,才可稀释。配制易水解的盐类的水溶液应先加酸溶解后,再以一定浓度的稀酸稀释,如配制 $SnCl_2$ 溶液时,如果操作不当已发生水解,加相当多的酸仍很难溶解沉淀。

⑧不能用手接触腐蚀性及有剧毒的溶液。剧毒废液应作解毒处理,不可直接倒入下水道。

任务五　溶液浓度表示方法

在化验工作中,随时都要用到各种浓度的溶液,溶液的浓度通常是指在一定量的溶液中所含溶质的量,在国际标准和国家标准中,溶剂用 A 代表,溶质用 B 代表。化验工作中常用的溶液的浓度表示方法有以下几种:

一、B 的物质的量浓度

B 的物质的量浓度,常简称为 B 的浓度,是指 B 的物质的量除以混合物的体积,以 C_B 表示,单位为 mol/L,即

$$C_B = \frac{n_B}{V}$$

式中　C_B——物质 B 的物质的量浓度,mol/L;

n_B——物质 B 的物质的量,mol;

V——混合物(溶液)的体积,L。

C_B 是浓度的国际符号,下标 B 指基本单元。

例如，$C_{(H_2SO_4)}$ = 1 mol/L H_2SO_4 溶液，表示 1 L 溶液中含 H_2SO_4 98.08 g；$C_{(1/2H_2SO_4)}$ = 1 mol/L H_2SO_4 溶液，表示 1 L 溶液中含 H_2SO_4 49.04 g。

二、B 的质量分数

B 的质量分数是指 B 的质量与混合物的质量之比。以 W_B 表示。由于质量分数是相同物理量之比，因此其量纲为 1，一律以 1 作为其 SI 单位，但是在量值的表达上这个 1 并不出现而是以纯数表达。例如，$W_{(HCl)}$ = 0.38，也可以用"百分数"表示，即 $W_{(HCl)}$ = 38%。市售浓酸、浓碱大多用这种浓度表示。如果分子、分母两个质量单位不同，则质量分数应写上单位，如 mg/g、ug/g、ng/g 等。

质量分数还常用来表示被测组分在试样中的含量，如铁矿中铁含量 $W_{(Fe)}$ = 0.36，即 36%。在微量和痕量分析中，含量很低，过去常用 ppm、ppb、ppt 表示，其含义分别为 10^{-6}、10^{-9}、10^{-12}，现已废止使用，应改用法定计量单位表示。例如，某化工产品中含铁 5 ppm，现应写成 $W_{(Fe)}$ = $5×10^{-6}$，或 5 μg/g，或 5 mg/kg。

三、B 的质量浓度

B 的质量浓度是指 B 的质量除以混合物的体积，以 ρ_B 表示，单位为 g/L，即

$$\rho_B = \frac{m_B}{V}$$

式中　ρ_B——物质 B 的质量浓度，g/L；

　　　m_B——溶质 B 的质量，g；

　　　V——混合物（溶液）的体积，L。

例如，$\rho_{(NH_4Cl)}$ = 10 g/L NH_4Cl 溶液，表示 1 L NH_4Cl 溶液中含 10 g NH_4Cl。

当浓度很稀时，可用 mg/L、ug/L 或 ng/L 表示（过去有用 ppm、ppb、ppt 表示，应予废除）。

四、B 的体积分数

混合前 B 的体积除以混合物的体积称为 B 的体积分数，（适用于溶质 B 为液体）以 ϕ_B 表示。将原装液体试剂稀释时，多采用这种浓度表示，如 $\phi_{(C_2H_5OH)}$ = 0.70，也可以写成 $\phi_{(C_2H_5OH)}$ = 70%，可量取无水乙醇 70 mL 加水稀释至 100 mL。

体积分数也常用于气体分析中表示某一组分的含量，如空气中含氧 $\phi_{(O_2)}$ = 0.20，表示氧的体积占空气体积的 20%。

五、比例浓度

比例浓度包括容量比浓度和质量比浓度。容量比浓度是指液体试剂相互混合或溶剂（大多为水）稀释时的表示方法。例如，(1+5)HCl 混合溶液，表示 1 体积市售浓 HCl 与 5 体积蒸馏水相混合而成的溶液。有些分析规程中写成(1:5)HCl 溶液，意义完全相同。质量比浓度是指两种固体试剂相互混合的表示方法。例如，(1+100)钙指示剂-氯化钠混合指示剂，表示 1 个单位质量的钙指示剂与 100 个单位质量的氯化钠相互混合，是一种固体稀释方法。同样也有写成(1:100)的。

任务六　一般溶液的配制和计算

一般溶液是指非标准溶液,它在分析工作中常作为溶解样品,调节 pH 值,分离或掩蔽离子,显色等使用。配制一般溶液精度要求不高,1~2 位有效数字,试剂的质量由架盘天平称量,体积用量筒量取即可。

一、物质的量浓度溶液的配制和计算

根据 $C_B = \dfrac{n_B}{V}$ 和 $n_B = \dfrac{m_B}{M_B}$ 的关系

$$m_B = C_B V \times \frac{M_B}{1\,000}$$

式中　m_B——固体溶质 B 的质量,g;

　　　C_B——欲配溶液物质 B 的物质的量浓度,mol/L;

　　　V——欲配溶液的体积,mL;

　　　M_B——溶质 B 的摩尔质量,g/moL。

1.溶质是固体物质

例 5.1　欲配制 $C_{(Na_2CO_3)} = 0.5$ mol/L 溶液 500 mL,如何配制?

解:$m_{(Na_2CO_3)} = C_{(Na_2CO_3)} V \times \dfrac{M_{(Na_2CO_3)}}{1\,000}$

$m_{(Na_2CO_3)} = 0.5 \times 500 \times \dfrac{106}{1\,000}$ g $= 26.5$ g

配法:称取 Na_2CO_3 26.5 g 溶于水中,并用水稀释至 500 mL,混匀。

2.溶质是浓溶液

例 5.2　欲配制 $C_{(H_3PO_4)} = 0.5$ mol/L 溶液 500 mL,如何配制?(浓 H_3PO_4 密度 $\rho = 1.69$,$W = 85\%$,浓度为 15 mol/L)。

解:溶液在稀释前后,其中溶质的物质的量不会改变,可用下式计算为

$$C_浓 V_浓 = C_稀 V_稀$$

$$V_浓 = \frac{C_稀 V_稀}{C_浓} = \frac{0.5 \times 500}{15} \text{ mL} \approx 17 \text{ mL}$$

另一算法:$m_{(H_3PO_4)} = C_{(H_3PO_4)} V_{(H_3PO_4)} \times \dfrac{M_{(H_3PO_4)}}{1\,000}$

$$= (0.5 \times 500 \times \frac{98.00}{1\,000})\text{g} = 24.5 \text{ g}$$

$$V_0 = \frac{wm}{\rho w} = \frac{24.5}{1.69 \times 85\%} \text{mL} \approx 17 \text{ mL}$$

配法:量取浓 H_3PO_4 17 mL,加水稀释至 500 mL,混匀。

二、质量分数溶液的配制和计算

1.溶质是固体物质

$$m_1 = mw$$

$$m_2 = m - m_1$$

式中　m_1——固体溶质的质量,g;

　　　m_2——溶剂的质量,g;

　　　m——欲配溶液的质量,g;

　　　w——欲配溶液的质量分数。

例 5.3　欲配 $w_{(NaCl)} = 10\%$ NaCl 溶液 500 g,如何配制?

解:$m_1 = (500 \times 10\%)g = 50$ g,$m_2 = (500-50)g = 450$ g

配法:称取 NaCl 50 g,加水 450 mL,混匀。

2.溶质是浓溶液

浓溶液取用量是以量取体积较为方便,一般需查阅酸、碱溶液浓度-密度关系表,查得溶液的密度后可算出体积,然后进行配制。计算依据是溶质的总量在稀释前后不变。

$$\rho_0 V_0 \omega_0 = \rho V \omega$$

式中　V_0, V——溶液稀释前后的体积,mL;

　　　ρ_0, ρ——浓溶液、欲配溶液的密度,g/mL;

　　　ω_0, ω——浓溶液、欲配溶液的质量分数。

例 5.4　欲配 $w_{H_2SO_4} = 30\%$ H_2SO_4 溶液($\rho = 1.22$)500 mL,如何配制?（市售浓 H_2SO_4,$\rho_0 = 1.84$,$w_0 = 96\%$）

解:$V_0 = \dfrac{V\rho w}{\rho_0 w_0}$ mL $= \dfrac{500 \times 1.22 \times 30\%}{1.84 \times 96\%} = 103.6$ mL

配法:量取浓 H_2SO_4 103.6 mL,在不断搅拌下慢慢倒入适量水中,冷却,用水稀释至 500 mL,混匀(记住,切不可将水往浓 H_2SO_4 中倒,以防浓 H_2SO_4 溅出伤人)。

常用酸、碱试剂的密度和浓度关系见表 5.3。

表 5.3　常用酸、碱试剂的密度和浓度

试剂名称	化学式	Mr	密度 $\rho/(g \cdot mL^{-1})$	质量分数 $w/\%$	物质的量浓度 $C_B/(mol \cdot L^{-1})$
浓硫酸	H_2SO_4	98.08	1.84	96	18
浓盐酸	HCl	36.46	1.19	37	12
浓硝酸	HNO_3	63.01	1.42	70	16
浓磷酸	H_3PO_4	98	1.69	85	15
冰醋酸	CH_3COOH	60.05	1.05	99	17
高氯酸	$HClO_4$	100.46	1.67	70	12
浓氢氧化钠	NaOH	40.00	1.43	40	14
浓氨水	$NH_3 \cdot H_2O$	17.03	0.90	28	15

注:C_B 以化学式为基本单元。

三、质量浓度溶液的配制和计算

例5.5 欲配制 20 g/L 亚硫酸钠溶液 100 mL,如何配制?

解:$\rho_B = \dfrac{m_B}{V} \times 1\ 000$

$$m_B = \rho_B \times \dfrac{V}{1\ 000} = \left(20 \times \dfrac{100}{1\ 000}\right) g = 2\ g$$

配法:称取 2 g 亚硫酸钠溶于水中,加水稀释至 100 mL,混匀。

四、体积分数溶液的配制和计算

例5.6 欲配制 $\varphi_{(C_2H_5OH)} = 50\%$ 乙醇溶液 1 000 mL,如何配制?

解:$V_B = 1\ 000\ mL \times 50\% = 500\ mL$

配法:量取无水乙醇 500 mL,加水稀释至 1 000 mL,混匀。

五、比例浓度溶液的配制和计算

例5.7 欲配制(2+3)乙酸溶液 1 L,如何配制?

解:$V_A = V \times \dfrac{A}{A+B} = \left(1\ 000 \times \dfrac{2}{2+3}\right)\ mL = 400\ mL$

$V_B = (1\ 000 - 400)\ mL = 600\ mL$

配法:量取冰乙酸 400 mL,加水 600 mL,混匀。

六、微量分析用离子标准溶液的配制

微量分析,如比色法、原子吸收法等,所用离子标准溶液,常用 mg/mL、μg/mL 等表示,配制时需用基准物质或纯度在分析纯以上的高纯试剂配制,浓度低于 0.1 mg/mL 的标准溶液,常在临用前用较浓的标准溶液在容量瓶中稀释而成。太稀的离子液,浓度易变,不宜存放太长时间。配制离子标准溶液应按下面式子计算所需纯试剂的量,溶解后在容量瓶中稀释成一定体积,摇匀即成。

$$m = \dfrac{CV}{f \times 1\ 000}$$

式中 m——纯试剂的质量,g;

$\quad\quad C$——欲配离子液的浓度,mg/mL;

$\quad\quad V$——欲配离子液的体积,mL;

$\quad\quad f$——换算系数。

f 由下式计算:

$$f = \dfrac{试剂中欲配组分的式量}{试剂的式量}$$

例5.8 欲配 10 μg/mL 锌标准溶液 100 mL,如何配制?

解:先配 0.1 mg/mL Zn^{2+} 标准溶液 1 000 mL 作为储备液,然后在临用前取出部分储备液

用水稀释 10 倍即成。

$$f=\frac{M_{Zn}}{M_{ZnO}}=\frac{65.39}{81.38}=0.803\ 5$$

$$m=\frac{1\times100}{0.803\ 5\times1\ 000}=0.125\ g$$

配法 1:称取 0.125 g 氧化锌,溶于 100 mL 水及 1 mL 硫酸中,移入 1 000 mL 容量瓶中,稀释至刻度。

$$f=\frac{M_{Zn}}{M_{ZnSO_4\cdot7H_2O}}=\frac{65.39}{287.54}=0.227\ 4$$

$$m=\frac{1\times100}{0.227\ 4\times1\ 000}=0.439\ 8\ g$$

配法 2:称取 0.439 8 g 七水合硫酸锌($ZnSO_4\cdot7H_2O$),溶于水,移入 1 000 mL 容量瓶中,稀释至刻度。

例 5.9 欲配 1 mg/mL Cu^{2+} 标准溶液 100 mL,如何配制?

解:用高纯 $CuSO_4\cdot5H_2O$ 试剂配制

$$f=\frac{M_{Cu}}{M_{CuSO_4\cdot5H_2O}}=\frac{63.546}{249.68}=0.254\ 5$$

$$m=\frac{1\times100}{0.254\ 5\times1\ 000}g=0.392\ 9\ g$$

配法:准确称取 $CuSO_4\cdot5H_2O$ 0.392 9 g,溶于水中,加几滴 H_2SO_4 转入 1 000 mL 容量瓶中,用水稀释至刻度,摇匀。

思考与练习

一、选择题

1. 物质的量单位是(   )。

A. g   B. kg   C. mol   D. mol/L

2. 配制 HCl 标准溶液宜取的试剂规格是(   )。

A. HCl(AR)   B. HCl(GR)   C. HCl(LR)   D. HCl(CP)

3. 作为基准试剂,其杂质含量应略低于(   )。

A. 分析纯   B. 优级纯   C. 化学纯   D. 实验试剂

4. 对化学纯试剂,标签的颜色通常为(   )。

A. 绿色   B. 红色   C. 蓝色   D. 棕色

5. 一般分析实验和科学研究中适用(   )。

A. 优级纯试剂   B. 分析纯试剂   C. 化学纯试剂   D. 实验试剂

二、填空题

1. 一般化学试剂的品级有一级试剂、二级试剂、三级试剂、四级试剂;国内标准名称分别为_____、_____、_____、_____。

2. 配置 500 mL 1:1 的氨水,所用浓氨水量为_____mL,用蒸馏水量为_____mL;500 mL 1:1 的盐酸,所用浓盐酸量为_____mL,用蒸馏水量为_____mL。

3. 分析室用水有 3 个级别,即一级水、二级水、三级水。用于一般分析化验的三级水可用_____或_____等方法制取。

4. 溶液浓度的表示方法有_____、_____、_____、_____、_____。

5. 配制碱标准溶液时需用_____的水。

三、判断题

1. 玻璃器皿不可盛放浓碱液,但可以盛酸性溶液。 （　　）

2. 碘量瓶主要用于碘量法或其他生成挥发性物质的定量分析。 （　　）

3. 配制 NaOH 标准溶液时,所采用的蒸馏水应为去 CO_2 的蒸馏水。 （　　）

4. 标准溶液的配制和存放应使用容量瓶。 （　　）

5. 配制硫酸、盐酸和硝酸溶液时都应将酸注入水中。 （　　）

四、简答题

1. 化学试剂变质的常见原因有哪些?

2. 在化验工作中常用的溶液的浓度表示方法有几种?

3. 作为"基准物",应具备哪些条件?

4. 试说出 GR、CR、AR 表示的是什么纯度的试剂? 其适用范围是什么?

5. 用容量瓶配溶液时如何转移溶液?

6. 简述各种规格的试剂的应用范围。

五、计算题

1. 欲配 10 μg/mL 锌标准溶液 100 mL,如何配制?

2. 欲配 1 mg/mL Cu^{2+} 标准溶液 100 mL,如何配制?

3. 欲配制 $C_{(Na_2CO_3)}$ = 0.5 mol/L 溶液 500 mL,如何配制?

4. 欲配制 $C_{(H_3PO_4)}$ = 0.5 mol/L 溶液 500 mL,如何配制? (浓 H_3PO_4 密度 ρ = 1.69, ω = 85%,浓度为 15 mol/L)

5. 欲配 $\omega_{H_2SO_4}$ = 30% H_2SO_4 溶液(ρ = 1.22)500 mL,如何配制? (市售浓 H_2SO_4,ρ_0 = 1.84, ω_0 = 96%)

六、问答题

1. 一般化学试剂有哪些规格? 各有什么用途? 应怎样合理选用?

2. 取用固体试剂和液体试剂时应注意什么?

3. 简述固体和液体试剂的取用方法。

4. 简述化学试剂保管的注意事项。

5. 化学试剂的标签上应包含哪些内容?

6. 用量筒分别量取 10 mL 水、$KMnO_4$ 溶液、碘溶液时,应如何读数? 如果是温度计中的水银柱,应该怎样读数?

7. 标准溶液如何配制?

8. 缓冲溶液为何具有缓冲作用?

项目五课件　　　　参考答案　　　　拓展阅读

项目六

试样的采集、预处理和保存

◇**知识目标**

- 掌握采样的目的及其基本原则。
- 掌握试样的采取、预处理和保存概念。
- 掌握采样技术中的误差类型。
- 掌握物料按特性值变异型的分类。
- 了解采样的一些基本原则"平均试样"和"四分法"的概念。
- 了解采样注意事项。
- 掌握试样分解的几种方法。

◇**能力目标**

- 能根据采样要求制订相应的采样方案和采样前的准备工作。
- 能准确填写采样记录。
- 依据标准进行试样的采取和制备。
- 能区分物料的组成类型。
- 掌握采样公式的计算方法。
- 掌握各类酸、碱的特性及用途。
- 掌握无机样品分解的方法。
- 掌握有机化合物分解的方法。
- 能认真负责,实事求是,严格依据标准进行采样和制备。
- 能对实验室突发事件进行安全处理。

◇**思政目标**

- 培养学生认真负责、实事求是、坚守原则的工作态度。
- 培养学生爱岗敬业和刻苦钻研的工匠精神。
- 培养学生养成严谨科学的学习态度以及节约、守法的职业道德。

● 培养学生的分析能力、理性思维能力的科学精神。

● 培养学生实验室安全意识,探讨预防措施。

任务一　试样的采集

一、采样的目的和原则

一个产品分析过程一般经过采样、试样的预处理、测定和结果的计算 4 个步骤。其中,采样是第一步,也是关键的一步,如果采得的样品由于某种原因不具备充分的代表性,那么,即使分析方法好,测定准确,计算无差错,最终也不会得出正确的结论。加强对产品采样理论的学习,对具体的分析工作有着重要的指导意义。

采样要从采样误差和采样费用两个方面考虑:一方面,要满足采样误差的要求,采样误差不能以样品的检测来补偿,当样品不能很好地代表总体时,以样品的检测数据来估计总体时就会导致错误的结论;另一方面,有时采样费用(如物料费用、作业费等)较高,这样在设计采样方案时就要适当地兼顾采样误差和费用。

(一)采样目的基本划分

采样的基本目的是从被检的总体物料中取得有代表性的样品。通过对样品的检测,得到在允许误差内的数据,从而求得被检物料的某一特性或某些特性的平均值。但在实践生产中,采样还需实现以下几种目的:

①技术方面的目的:为了确定原材料、半成品及成品的质量;为了控制生产工艺过程;为了鉴定未知物;为了确定污染的性质、程度和来源;为了验证物料的特性或特性值;为了测定物料随时间、环境的变化;为了鉴定物料的来源等。

②商业方面的目的:为了确定销售价格;为了验证是否符合合同的规定;为了保证产品销售质量满足用户的要求等。

③法律方面的目的:为了检查物料是否符合法定要求;为了检查生产过程中残留或者泄漏的有害物质是否超过允许限值;为了确定法律责任;为了进行仲裁等。

④安全方面的目的:为了确定物料是否安全或危险程度;为了分析发生事故的原因;为了按危险性进行物料的分类等。

应根据采样目的而制订采样方案。

(二)采样方案的制订

根据采样的具体目的和要求以及所掌握的被采物料的所有信息制订采样方案,包括确定总体物料的范围;确定采样单元和二次采样单元;确定样品数、样品和采样部位;规定采样操作方法和采样工具;规定样品的加工方法;规定采样安全措施。采样的步骤和细节在有关产品的国家标准和行业标准中都有详细规定,如《化工产品采样总则》(GB/T 6678—2003)等,可根据不同采样目的制订不同的采样方案,如图 6.1 所示。

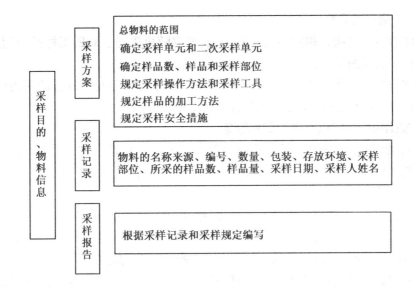

图6.1 不同采样目的制订不同的采样方案

(三)采样记录

为明确采样工与分析工的责任,方便分析工作,采样时应记录被采物料的状况和采样操作,如物料的名称、来源、编号、数量、包装情况、存放环境、采样部位、所采的样品数和样品量、采样日期、采样人姓名等,必要时根据记录填写采样报告。实际工作中例行的常规采样,可简化上述规定。

二、采样方法

(一)采样误差

(1)采样随机误差

采样随机误差是在采样过程中由一些无法控制的偶然因素所引起的偏差,这是无法避免的。增加采样的重复次数可以缩小这个误差。

(2)采样系统误差

采样方案不完善、采样设备有缺陷、操作者不按规定进行操作以及环境等的影响,均可引起采样的系统误差。系统误差的偏差是定向的,必须尽力避免。增加采样的重复次数不能缩小这类误差。

采得的样品都可能包含采样的随机误差和系统误差。在应用样品的检测数据来研究采样误差时,必须考虑试验误差的影响。

(二)物料的类型

物料按特性值变异型可以分为两大类,即均匀物料和不均匀物料。

(1)均匀物料的采样

原则上可以在物料的任意部位进行。但要注意采样过程不应引入杂质,避免在采样过程中引起物料变化(如吸水、氧化等)。

（2）不均匀物料的采样

除了要注意与均匀物料相同的两点外，一般采取随机采样。对所得样品分别进行测定，再汇总所有样品的检测结果。

随机不均匀物料是指总体物料中任一部分的特征平均值与相邻部分的平均值无关的物料。对其采样可以随机选取，也可以非随机选取。

（三）组成比较均匀的试样的采取和制备

一般地说，金属试样、水样以及某些较为均匀的化工产品等，组成比较均匀，任意采取一部分或稍加混合后取一部分，即成为具有代表性的分析试样。

1. 金属试样的采取

金属经高温熔炼，组成比较均匀。例如，对钢片，只要任意剪取一部分即可，但对钢锭和铸铁来说，由于表面和内部的凝固时间不同，铁和杂质的凝固温度也不一样，因此表面和内部所含的杂质也有所不同，使组成不很均匀。为了克服这种不均匀性，在钻取试样时，先用砂轮将表面层磨去，然后采用多钻几个点及钻到一定的深度的方法，将所取得的钻屑放于冲击钵中捣碎混匀，作为分析试样，如图6.2所示。

图6.2　金属试样的（钻屑）采取

2. 水样的采取

各种水的性质不同，水样的采集方法也不同。洁净的与稍受污染的天然水，水质变化不大，在规定的地点和深度，按季节采取一两次，即具有代表性。生活污水与人们的作息时间、季节性的食物种类都有关系，一天中不同时间的水质不完全一样，每个月的水质情况也不相同。工业废水的变化更大，同一种工业废水，生产工艺过程不同，废水水质差别很大。同时，工业废水的水质还会因原材料不均一、工艺的间歇性，随时跟着变化。在采集上述各种水样时，必须根据分析目的不同采取不同的采集方式，如平均混合水样、平均比例混合水样、用自动取样器采集一昼夜的连续比例混合水样等。但对受污染十分严重的水体，其采样要求，应根据污染来采、分析目的而定，不能按天然水采样。

供一般确定物理性质与化学成分分析用的水样有2 L即可。水样瓶可以是容量为2 L的、无色磨口塞的硬质玻璃细口瓶，也可以是聚乙烯塑料瓶。当水样中含多量油类或其他有机物时，以玻璃瓶为宜；当测定微量金属离子时，采用塑料瓶较好，塑料瓶的吸附性较小。测定SiO_2必须用塑料瓶取样。测定特殊项目的水样，可另用取样瓶取样，必要时需加药品保存。

采样瓶要洗得很干净,采样前应用水样冲洗样瓶至少 3 次,然后采样。采样时,水要缓缓流入样瓶,不要完全装满,水面与瓶塞间要留有空隙(但不超过 1 cm),以防水温改变时瓶塞被挤掉。

采集水管或有泵水井中的水样时,只需将水龙头或泵打开,放水数分钟,使积留在水管中的杂质冲洗掉,然后取样即可。

采集池、江、河水的水样时,可用专业采水器(图6.3),手柄上系上一根绳子,必要时瓶底系一铁砣,沉入水面下一定深处(通常为 20~50 cm),然后拉绳拔塞,让水样灌入瓶中取出即可。一般要在不同深度取几个水样混合后作为分析试样,如水面较宽,应该在不同的断面分别采取几个水样,如图 6.4 所示。

图 6.3　采水器

图 6.4　天然水水样采集

采集工业废水样品时要根据废水的性质、排放情况及分析项目的要求,采用下列 4 种采集方式:

①隔式平均采样。对连续排出水质稳定的生产设备,可以间隔一定时间采取等体积的水样,混匀后装入瓶内。

②平均取样或平均比例取样。对几个性质相同的生产设备排出的废水,分别采集同体积的水样,混匀后装瓶;对性质不同的生产设备排出的废水,则应先测定流量,然后根据不同的流量按比例采集水样,混匀后装瓶。最简单的办法是在总废水池中采集混合均匀的水样。

③瞬间采样。对通过废水池停留相当时间后继续排出的工业废水,可以一次采取。

④单独采样。某些工业废水,如油类和悬浮性固体分布很不均匀,很难采到具有代表性的平均水样,而且在放置过程中水中一些杂质容易浮于水面或沉淀,若从全分析水样中取出一部分用来分析某项目,则会影响结果的正确性。在这种情况下,则可单独采样,进行全量分析。

水样采集后应及时化验,保存时间越短,分析结果越可靠。有些化学成分和物理性状要在现场测定,因为在送往实验室的过程中会产生变化。水样保存的期限取决于水样性质、测定项目的要求和保存条件。对现场无条件测定的项目,可采用"固定"的方法,使原来易变的状态转变成稳定的状态。例如,

氰化物:加入 NaOH,使 pH 值调至 11.0 以上,并保存在冰箱中,尽快分析。

重金属:加 HCl 或 HNO_3 酸化,使 pH 值在 3.5 左右,以减少沉淀或吸附。

氮化合物:每 1 L 水加 0.8 mL 浓 H_2SO_4,以保持氮的平衡,在分析前用 NaOH 溶液中和。

硫化物:在 250~500 mL 采样瓶中加入 1 mL25% 乙酸锌溶液,生成硫化物沉淀。

酚类：每升水中加 0.5 g 氢氧化钠及 1 g 硫酸铜。

溶解氧：按测定方法加入硫酸锰和碱性碘化钾。

pH 值、余氯：必须当场测定。

3. 化工产品

组成比较均匀的化工产品可以任意取一部分为分析试样。若是储存在大容器内的物料，可能因相对密度不同而影响其均匀程度，可在上、中、下不同高度处各取部分试样，然后混匀。

如果物料是分装在多个小容器（如瓶、袋、桶等）内，则可从总体物料单元数（N）中按下述方法随机抽取数件（S）：

①总体物料单元数小于 500 的，推荐按表 6.1 的规定确定采样单元数。

表 6.1　采样单元数的选取

总体物料的单元数	选取的最少单元数	总体物料的单元数	选取的最少单元数
1～10	全部单元	182～216	18
11～49	11	217～254	19
50～64	12	255～296	20
65～81	13	297～343	21
82～101	14	344～394	22
102～125	15	395～450	23
126～151	16	451～512	24
152～181	17		

②总体物料单元数大于 500 的，推荐按总体物料单元数立方根的 3 倍数确定采样单元数，即 $S = 3 \times \sqrt[3]{N}$，如遇小数时，则进为整数。

③采样器有舌形铁铲、取样钻、双套取样管等。

例 6.1　有一批化肥，总共有 600 袋，则采样单元数应为多少？

解：$S = 3 \times \sqrt[3]{600} = 25.3$，则应取 26 袋。

样品量：在一般情况下，样品量应至少满足 3 次全项重复检测的需要、满足保留样品的需要和制样预处理的需要。

4. 气体试样的采取

气体的组成虽然比较均匀，但不同存在形式的气体，如静态的气体与动态的气体，其取样方法和装置都有所不同。

①采取静态气体试样时，于气体的容器上装一个取样管，用橡皮管与吸气瓶或吸气管等盛气体的容器连接，也可将气体试样取于球胆内，但球胆取样后不宜放置过夜，应立即分析。如果只取少量样品，也可用注射器抽取。大气中采取气样，常用双连球取样。

②采取动态气体试样，即从管道中流动的气体中取样时，应注意气体在管道中流速的不均匀性。位于管道中心的气体流速比管壁处要大。为了取得平均气样，取样管应插入管道 1/3 直径深度，取样管口切成斜面，面对气流方向。

如果气体温度过高，取样管外应装上夹套，通入冷水冷却。如果气体中有较多尘粒，可在取样管中放一支装有玻璃棉的过滤筒。

对常压气体,一般打开取样管旋塞即可取样。如果气体压力过高,应在取样管与容器间接一个缓冲器。如果是负压气体,可连接抽气泵,通过抽气泵取样。

测定气体中微量组分时,一般需采取较大量试样,这时采样装置要由取样管、吸收瓶、流量计和抽气泵组成。在不断抽气的同时,欲测组分被吸收或吸附在吸收瓶内的吸收剂中,流量计可记录所采试样的体积。

(四)组成很不均匀的试样的采取和制备

对一些颗粒大小不均匀,成分混杂不齐,组成极不均匀的试样,如矿石、煤炭、土壤等,选取具有代表性的均匀试样是一项较为复杂的操作。为了使采取的试样具有代表性,必须按一定的程序,自物料的各个不同部位,取出一定数量大小不同的颗粒。取出的份数越多,试样的组成与被分析物料的平均组成越接近。但考虑以后在试样处理上所花费的人力、物力等,应该以选用能达到预期准确度的最节约的采样量为原则。

根据经验,平均试样选取量与试样的均匀度、粒度、易破碎度有关,可用下式(称为采样公式)表示为

$$Q = Kd^a$$

式中　Q——采取平均试样的最小质量,kg;

d——试样中最大颗粒的直径,mm;

K、a——经验常数,由物料的均匀程度和易破碎程度等决定,可由实验求得。K 值为
0.05 ~ 1,a 值通常为 1.8 ~ 2.5。地质部门将 a 值规定为 2,则上式为 $Q = Kd^2$。

例如,在采取赤铁矿的平均试样时(赤铁矿的 K 值为 0.06),若此矿石最大颗粒的直径为 20 mm,则根据上式计算得

$$Q = 0.06 \times 20^2 \text{ kg} = 24 \text{ kg}$$

也就是最小质量要采取 24 kg。这样取得的试样,组成很不均匀,数量又太多,不适宜直接分析。根据采样公式,试样的最大颗粒越小,最小质量可越小。如将上述试样最大颗粒破碎至 1 mm,则

$$Q = 0.06 \times 1^2 \text{ kg} = 0.06 \text{ kg}$$

此时试样的最小质量可减至 0.06 kg。采样后进一步破碎,混合,可减缩试样量而制备适宜分析用的试样。制备试样一般可分为破碎、过筛、混匀、缩分 4 个步骤。

1. 破碎

用机械或人工方法把样品逐步破碎,大致可分为粗碎、中碎和细碎等阶段。

①粗碎:用颚式破碎机把大颗粒试样压碎至通过 4 ~ 6 网目筛。

②中碎:用盘式粉碎机把粗碎后的试样磨碎至通过 20 网目筛。

③细碎:用盘式粉碎机进一步磨碎,必要时再用研钵研磨,直至通过所要求的筛孔。

2. 过筛

在矿石中,难破碎的粗粒与易破碎的细粒的成分常常不同,在任何一次过筛时,应将未通过筛孔的粗粒进一步破碎,直至全部过筛为止,不可将粗粒随便丢掉。如图 6.5 所示为试样筛。

图6.5　试样筛

筛子一般用细的铜合金丝制成,有一定孔径,用筛号(目)表示,通常称为标准筛,见表6.2。

表6.2　标准筛的筛号及孔直径

筛号/目	3	6	10	20	40	60	80	100	120	140	200
筛孔直径/mm	6.72	3.36	2.00	0.83	0.42	0.25	0.177	0.149	0.125	0.105	0.074

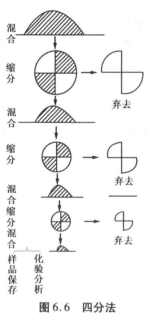

图6.6　四分法

3.混匀

将破碎后的试样用小铲或其他工具充分混合,使得试样均匀。混匀后的试样应具备充分的代表性,不能引入其他物质或杂质。

常用的混匀方法有如下几种:

①移锥法。用铁铲反复堆锥。堆锥时,试样必须从堆中心给下,以便使其从锥顶大致等量地流向四方。从第一堆移向第二堆时,最好沿锥四周逐渐移动铲样的位置。如此反复3~5次,可将试样混匀。

②环锥法。与移锥法相似,当堆成第一个圆锥时,不是把它直接移向第二堆,而是把它从中心耙成一个大圆环,然后再将该圆环堆成锥,一般要堆成锥3次,才能混匀。

③掀角法。对少量样品可用掀角法进行混匀。将样品放在光滑的塑料布上,提起塑料布的两个对角,使样品来回翻滚3~4次后,再换另外两个对角反复3~4次,如此调换多次,直至样品混匀。

4.缩分

样品缩分(sample splitting)是化学分析等样品加工的步骤之一,是按一定的要求,将破碎到一定颗粒直径的样品分为若干份具有同等可靠性的样品,或在加工、破碎以前对原始样品进行缩减的操作过程。样品缩分的目的,是在保证样品可靠性的前提下,减少后续破碎的工作量或原始样品的运输量,加快样品的加工速度。样品每进行一次缩分前,均需将样品充分混匀。缩分后所得样品的质量必须大于当时颗粒直径情况下所要求的样品最小可靠质量。

常用的手工缩分方法是"四分法"。如图6.6所示,先将已破碎的样品充分混匀,堆成圆锥形,将它压成圆饼状,通过中心按十字形切为 4 等份,弃去任意对角的两份。样品中不同粒度、不同相对密度的颗粒大体上分布均匀,留下样品的量是原样的一半,能代表原样的成分。

缩分的次数不是随意的,在每次缩分时,试样的粒度与保留的样量之间,都应符合采样公式。否则应进一步破碎后,再缩分。

三、采样注意事项

(一)液体样品采集注意事项

液体产品一般是用容器包装后储存和运输。液体产品的采样,应根据容器情况和物料的种类来选择采样工具,确定采样方法。

①液体产品采样前必须进行预检,以明确以下事项:

a. 了解被采物料的容器大小、类型、数量、结构和附属设备情况。

b. 检查被采物料的容器是否破损、腐蚀、渗漏,并核对标志。

c. 观察容器内物料的颜色、黏度是否正常。表面或底部是否有杂质、分层、沉淀和结块等现象。确认无可疑或异常现象后,方可采样。

②在采取液体产品时应注意的事项有:

a. 样品容器和采样设备必须清洁、干燥,不能用与被采物料起化学作用的材料制造。

b. 采样过程中防止被采物料受到环境污染和变质。

c. 采样者必须熟悉被采产品的特性、安全操作的有关知识和处理方法。

一般情况下,采得的原始样品量要大于实验室样品需要量,把原始样品缩分成 2 ~ 3 份小样,一份送实验室检测,一份保留,必要时封送一份给买方。

③为更好地进行产品质量审核,解决质量争议,确定造成质量事故的责任者,样品在规定期限内一定要妥善保管,在储存过程中应注意以下事项:

a. 对易挥发物质,样品容器必须预留空间,需密封,并定期检查是否泄漏。

b. 对光敏物质,样品应装入棕色玻璃瓶中并置于避光处。

c. 对温度敏感物质,样品应储存在规定的温度之下。

d. 易与周围环境物起反应的物质,应隔绝氧气、二氧化碳、水等。

e. 对高纯物质应防止受潮和灰尘侵入。

f. 对危险品,特别是剧毒品应储放在特定场所,并由专人保管。

④取样时要根据现场的情况穿戴合适的劳动防护用品,如取锅炉样品戴好手套防止烫伤,取低温液体戴好防冻手套等。

(二)气体样品采集注意事项

①由于气体容易通过扩散和湍流作用混合均匀,成分的不均匀性一般都是暂时的,同时气体往往具有压力,易于渗透,易被污染,并且难储存。因此,气体的采样,在实践上存在的问题比理论上更大。

在实际工作中,通常采取钢瓶中压缩的或液化的气体、储罐中的气体和管道内流动的气体。

②采取的气体样品类型有部位样品、混合样品、间断样品和连续样品。最小采样量要根据分析方法、被测物组分含量范围和重复分析测定需要量来确定。管道内输送的气体,采样

与时间以及气体的流速关系较大。

由于气体采样时产生误差的因素很多,因此采样前应积极采取措施,减少误差。

分层能引起气体组成不均。在大口径管道和容器中,气体混合物常分层,导致各部分组成可能不同。这时应预先测量各断面的点,找出正确取样点。

③在采样前必须消除漏气点。

在采取平均样品和混合样品时,流速变化会引起误差,应该对流速进行补偿和调节。以合适的冷凝等手段控制采样系统的温度,消除不稳定所带来的误差。采样时尽可能采用短的、细的导管,以消除采样导管过长引起采样系统的时间滞后带来的误差,也可采取在连续采样时加大流速。间断采样时,在采样前翻底吹洗导管的方法来减小误差。

④取样时要注意周围状况,看是否有高温设备、安全阀等,避免不小心的碰撞造成伤害。取气体样和某些有毒液体样品时要站在上风区,发现取样口有异常情况要及时与有关人员联系、上报技术员等,解决问题后方可取样,切不可自己操作。

(三)固体样品采集注意事项

固体样品要根据物料的形状和堆积方式不同采取不同的采集方法,如要从不同的地点、不同的截面取样之后把采取的样品进行粉碎、混合、缩分,确保样品的代表性。固体采样时应注意以下事项:

①在采样时应该选择合适的采样点,避免采取的样品没有代表性。当对取样地点不清楚时,及时与现场人员联系,由他们指定采样点(如安全分析等)。

②取样时根据样品的情况选择合适的取样器具(主要根据样品性质、成分含量等多方面考虑)。

③采样前印制好详细的采样记录,采样后贴上标签,认真填写标签的内容,如采样地点、位号、名称、采样时间、天气、气温、采样人姓名等必要的采样信息。

任务二　试样的预处理与保存

一、分解试样的基本要求

在一般分析工作中,除了少量使用干法外,通常都用湿法分析,即先将样品分解,使被测组分定量地转入溶液中,然后进行分析测定,这一过程称为试样的预处理。分解试样的基本要求如下:

①试样应分解完全。要得到准确的分析结果,试样必须分解完全,处理后的溶液不应残留原试样的细屑或粉末。

②试样分解过程中待测成分不应有挥发损失。例如,在测定钢铁中的磷时,不能单独用 HCl 或 H_2SO_4 分解试样,而应当用 HCl(或 H_2SO_4)+HNO_3 的混合酸,将磷氧化成 H_3PO_4 进行测定,避免部分磷生成挥发性的磷化氢(PH_3)而损失。

③分解过程中不应引入被测组分和干扰物质。例如,测定钢铁中的磷时,不能用 H_3PO_4 来溶解试样,测定硅酸盐中的钠时,不能用 Na_2CO_3 熔融来分解试样。在超纯物质分析时,应当用超纯处理试样,若用一般分析试剂,则可能引入含有数十倍甚至数百倍的被测组分。又

如,在用比色法测定铁中的磷、硅时,采用 HNO_3 溶解试样,生成的氮的氧化物使显色不稳定,必须加热煮沸将其完全除去后,再显色。

二、无机样品的分解

试样的品种繁多,各种试样的分解要采用不同的方法。常用的分解方法大致可分为溶解和熔融两种:溶解就是将试样溶解于水、酸、碱或其他溶剂中;熔融就是将试样与固体熔剂混合,在高温下加热,使欲测组分转变为可溶于水或酸的化合物。另外,测定有机物中的无机元素时,要先除去有机物。

(一)分解方法

1. 酸分解法

酸分解法也称酸消解法,是测定金属离子时常用的方法。土壤样品的组成复杂,用酸消解法消解时常采用多种酸的混合,常用混合酸有 HCl-HNO_3-HF-$HClO_4$、HNO_3-HF-$HClO_4$、HNO_3-H_2SO_4-$HClO_4$、HNO_3-H_2SO_4-H_3PO_4 等。为了提高样品消解效率,有时加入一些氧化剂(如过氧化氢、五氧化二钒等)或还原剂(如亚硝酸钠)等。用酸分解样品时应注意:在加酸前,应加少许水将土壤润湿;样品分解完全后,应将剩余的酸赶尽;若须加热加速溶解时,应逐渐升温,以免因迸溅引起损失。

2. 高压密闭分解法

对较难消解的土壤样品,可置于聚四氟乙烯密闭消化罐或高压釜中进行加热消解。其操作要点为:将一定量的土壤样品置于能密封的聚四氟乙烯消化罐内,加入少许水润湿样品,加入一定体积的混合酸,摇匀后将聚四氟乙烯消化罐置于耐压的不锈钢套筒中,拧紧。置于烘箱内加热分解(温度一般不超过180 ℃)一定时间,取出冷却至室温后,取出消化罐,用水冲洗内壁,置于电热板上蒸至冒白烟后再缓缓蒸至近干,定容后进行测定。对分解含有机物较多的土壤样品时,特别是在使用高氯酸的情况下,有发生爆炸的危险,应预先在 80 ~ 90 ℃将有机物充分分解后,再进行密闭消解。高压密闭分解法具有效率高、酸用量小、易挥发元素损失少、分解时间短、可同时进行批量分析等优点。

(二)提取方法

1. 有机物的提取

测定土壤中有机磷、有机氯农药和其他有机污染物时,常用溶剂提取法。在提取待测样品的同时,可以起到浓缩和分离的作用。常用的溶剂提取法有以下几种:

(1)振荡浸取法

将土壤样品放在具塞三角瓶,加入适当的溶剂,置于振荡器内振荡一定时间,静置分层或抽滤,离心分离出提取液进行分析,如分析酚、油类等化合物。

(2)固相萃取法

固相萃取法的基本原理与液相色谱分离过程相似,是根据被萃取组分与样品基体成分在固定相填料上作用力强弱的不同,使之彼此分离的技术。用适当的溶剂将固相萃取吸附剂润湿,然后加入一定体积的被处理样品溶液,使其完全通过固相萃取吸附剂,使溶液中被测组分保留在固相萃取吸附剂上的待测组分洗脱下来。此法具有快速、高效、重复性好、选择性好等优点。固相萃取装置分为柱型和盘状薄膜型两种。常用的固相萃取剂有 C18、硅胶、氧化铝、高分子聚合物、离子交换树脂等。固相萃取法已列为 EPA 的标准方法,此法广泛用于环境样品中多环芳烃、有机氯农药和有机卤化物等的富集与分离。此法与色谱分析在线联用的应用受到重视,如柱型固相萃取-高效液相色谱的在线联用、固相萃取-气相色谱的在线联用等。

2. 无机污染物的提取

土壤中易溶无机组分及有效态组分,可用酸或水浸取。例如,用蒸馏水提取 pH、CO_2、可溶性金属离子等组分;用无硼沸水提取土壤中有效态硼;用 1 mol/L NH_4Ac 浸取土壤中有效钙、镁、钾、钠等。

土壤中的欲测组分被提取后,往往还存在干扰组分,或达不到分析方法测定要求的浓度,需要进一步净化或浓缩。常用的净化方法有层析法、蒸馏法、萃取法等;浓缩法有 K-D 浓缩器法、萃取法、蒸馏法等。例如,土壤样品中的氰化物、硫化物常用蒸馏-碱溶液吸收法分离,可同时达到净化和浓缩的目的。

3. 全分解方法

(1)普通酸分解法

准确称取 0.5 g(准确到 0.1 mg 以下都与此相同)风干土样于聚四氟乙烯坩埚中,用几滴水润湿后,加入 10 mL HCl($p = 1.19$ g/mL),于电热板上低温加热,蒸发至约剩 5 mL 时加入 15 mL HNO_3($p = 1.42$ g/mL),继续加热蒸至近黏稠状,加入 10 mL HF($p = 1.15$ g/mL)并继续加热,为了达到良好的除硅效果应经常摇动坩埚。最后加入 5 mL $HClO_4$($p = 1.67$ g/mL),并加热至白烟冒尽。对含有机质较多的土样应在加入 $HClO_4$ 之后加盖消解,土壤分解物应呈白色或淡黄色(含铁较高的土壤),倾斜坩埚时呈不流动的黏稠状。用稀酸溶液冲洗内壁及坩埚盖,温热溶解残渣,冷却后,定容至 100 mL 或 50 mL,最终体积依待测成分的含量而定。

(2)高压密闭分解法

称取 0.5 g 风干土样于内套聚四氟乙烯坩埚中,加入少许水润湿试样,再加入 HNO_3($p = 1.42$ g/mL)、$HClO_4$($p = 1.67$ g/mL)各 5 mL,摇匀后将坩埚放入不锈钢套筒中,拧紧。放在 180 ℃的烘箱中分解 2 h。取出,冷却至室温后,取出坩埚,用水冲洗坩埚盖的内壁,加入 3 mL HF($p = 1.15$ g/mL),置于电热板上,在 100～120 ℃加热除硅,待坩埚内剩下 2～3 mL 溶液时,调高温度至 150 ℃,蒸至冒浓白烟后再缓缓蒸至近干,按普通酸分解法同样操作定容后进行测定。

(3)微波炉加热分解法

微波炉加热分解法是以被分解的土样及酸的混合液作为发热体,从内部进行加热使试样受到分解的方法。目前微波加热分解试样的方法,有常压敞口分解法和仅用厚壁聚四氟乙烯容器的密闭式分解法,也有密闭加压分解法。这种方法以聚四氟乙烯密闭容器作内筒,以能透过微波的材料如高强度聚合物树脂或聚丙烯树脂作外筒,在该密封系统内分解试样能达到良好的分解效果。微波加热分解也可分为开放系统和密闭系统两种。开放系统可分解多量试样,且可直接和流动系统相组合实现自动化,但由于要排出酸蒸气,所以分解时使用酸量较大,易受外环境污染,挥发性元素易造成损失,费时间且难以分解多数试样。密闭系统的优点较多,酸蒸气不会逸出,仅用少量酸即可,在分解少量试样时十分有效,不受外部环境的污染。在分解试样时不用观察及特殊操作,由于压力高,所以分解试样很快,不会受外筒金属的污染(用树脂作外筒)。可同时分解大批量试样。其缺点是需要专门的分解器具,不能分解量大的试样,如果疏忽会有发生爆炸的危险。在进行土样的微波分解时,无论使用开放系统还是密闭系统,一般使用 HNO_3-HCl-HF-$HClO_4$、HNO_3-HF-$HClO_4$、HNO_3-HCl-HF-H_2O_2、HNO_3-HF-H_2O_2 等体系。当不使用 HF 时(限于测定常量元素且称样量小于 0.1 g),可将分解试样的溶液适当稀释后直接测定。若使用 HF 或 $HClO_4$ 对待测微量元素有干扰时,可将试样分解液蒸至近干,酸化后稀释定容。

4. 碱融法

(1)碳酸钠熔融法(适合测定氟、钼、钨)

称取 0.500 0 ~1.000 0 g 风干土样放入预先用少量碳酸钠或氢氧化钠垫底的高铝坩埚中(以充满坩埚底部为宜,以防止熔融物粘底),分次加入 1.5~3.0 g 碳酸钠,并用圆头玻璃棒小心搅拌,使与土样充分混匀,再放入 0.5~1.0 g 碳酸钠,使平铺在混合物表面,盖好坩埚盖。移入马弗炉中,于 900~920 ℃熔融 0.5 h。自然冷却至 500 ℃左右时,可稍打开炉门(不可开缝过大,否则高铝坩埚骤然冷却会开裂)以加速冷却,冷却至 60~80 ℃用水冲洗坩埚底部,然后放入 250 mL 烧杯中,加入 100 mL 水,在电热板上加热浸提熔融物,用水及 HCl(1+1)将坩埚及坩埚盖洗净取出,并小心用 HCl (1+1)中和、酸化(注意盖好表面皿,以免大量 CO_2 冒泡引起试样的溅失),待大量盐类溶解后,用中速滤纸过滤,用水及 5% HCl 洗净滤纸及其中的不溶物,定容待测。

(2)酸溶浸法

①HCl-HNO_3 溶浸法

准确称取 2.000 g 风干土样,加入 15 mL HCl(1+1)和 5 mL HNO_3(p=1.42 g/mL)振荡 30 min。过滤定容至 100 mL,用 ICP 法测定 P、Ca、Mg、K、Na、Fe、Al、Ti、Cu、Zn、Cd、Ni、Cr、Pb、Co、Mn、Mo、Ba、Sr 等。

或采用下述溶浸方法:准确称取 2.000 g 风干土样于干烧杯中,加少量水润湿,加入 15 mL HCl (1+l)和 5 mL HNO_3(p=1.42 g/mL)。盖上表面皿于电热板上加热,待蒸发至约剩 5 mL,冷却,用水冲洗烧杯和表面皿,用中速滤纸过滤并定容至 100 mL,用原子吸收法或 ICP 法测定。

②HNO_3-H_2SO_4-$HClO_4$溶浸法

此方法的特点是 H_2SO_4、$HClO_4$ 沸点较高,能使大部分元素溶出,且加热过程中液面比较平静,没有迸溅的危险。但 Pb 等易与 SO_4^{2-} 形成难溶性盐类的元素,测定结果偏低。操作步骤:准确称取 2.500 0 g 风干土样于烧杯中,用少许水润湿,加入 HNO_3-H_2SO_4-$HClO_4$ 混合酸(5+1+20)12.5 mL,置于电热板上加热。当开始冒白烟后缓缓加热,并经常摇动烧杯,蒸发至近干。冷却,加入 5 mL HNO_3(p=1.42 g/mL)和 10 mL 水,加热溶解可溶性盐类,用中速滤纸过滤,定容至 100 mL,待测。

③HNO_3 溶浸法

准确称取 2.000 0 g 风干土样于烧杯中,加少许水润湿,加入 20 mL HNO_3(p=1.42 g/mL)。盖上表面皿,置于电热板或砂浴上加热,若发生迸溅,可采用每加热 20 min 关闭电源 20 min 的间歇加热法。待蒸发至约剩 5 mL,冷却,用水冲洗烧杯壁和表面皿,经中速滤纸过滤,将滤液定容至 100 mL,待测。

5. 有机污染物的提取方法

常用有机溶剂的选择原则:根据相似相溶的原理,尽量选择与待测物极性相近的有机溶剂作为提取剂。提取剂必须与样品能很好地分离,且不影响待测物的纯化与测定;不能与样品发生作用,毒性低、价格便宜。此外,要求提取剂沸点范围在 45～80 ℃为好。

还要考虑溶剂对样品的渗透力,以便将土样中待测物充分提取出来。当单一溶剂不能成为理想的提取剂时,常用两种或两种以上不同极性的溶剂以不同的比例配成混合提取剂。

6. 常用有机溶剂的极性

常用有机溶剂的极性由强到弱的顺序为:(水);乙腈;甲醇;乙酸;乙醇;异丙醇;丙酮;二氧六环;正丁醇;正戊醇;乙酸乙酯;乙醚;硝基甲烷;二氯甲烷;苯;甲苯;二甲苯;四氯化碳;二硫化碳;环己烷;正己烷(石油醚)和正庚烷。

7. 溶剂的纯化

纯化溶剂多用重蒸馏法。纯化后的溶剂是否符合要求,最常用的检查方法是将纯化后的溶剂浓缩 100 倍,再用与待测物检测相同的方法进行检测,无干扰即可。

8. 有机污染物的提取

(1)振荡提取

准确称取一定量的土样(新鲜土样加 1～2 倍量的无水 Na_2SO_4 或 $MgSO_4 \cdot H_2O$ 搅匀,放置 15～30 min,固化后研成细末),转入标准口三角瓶中加入约两倍体积的提取剂振荡 30 min,静置分层或抽滤、离心分出提取液,样品再分别用 1 倍体积提取液提取两次,分出提取液,合并,待净化。

(2)超声波提取

准确称取一定量的土样(或取 30.0 g 新鲜土样加 30～60 g 无水 Na_2SO_4 混匀)置于 400 mL 烧杯中,加入 60～100 mL 提取剂,超声振荡 3～5 min,真空过滤或离心分出提取液,固体物再用提取剂提取两次,分出提取液合并,待净化。

(3)索氏提取

本法适用于从土壤中提取非挥发及半挥发有机污染物。

准确称取一定量土样或取新鲜土样 20.0 g 加入等量无水 Na_2SO_4 研磨均匀,转入滤纸筒中,再将滤纸筒置于索氏提取器中。在有 1～2 粒干净沸石的 150 mL 圆底烧瓶中加 100 mL 提取剂,连接索氏提取器,加热回流 16～24 h 即可。

三、有机化合物的预处理方法

有些样品,如饲料,其矿物元素常以结合形式存在于有机化合物中,测定这些元素,首先要将有机化合物破坏,让无机元素游离出来。破坏有机化合物有下列一些方法:

1. 定温灰化法

定温灰化法是将有机试样置坩埚中,在电炉上炭化,然后移入高温炉中 500～550 ℃灰化 2～4 h,将灰白色残渣冷却后,用 HCl(1+1)或 HNO_3 溶解,进行测定。此法适用于测定有机化合物中含的铜、铅、锌、铁、钙、镁等。

2. 氧瓶燃烧法

氧瓶燃烧法是在充满氧气的密闭瓶内,用电火花引燃有机样品,瓶内盛适当的吸收剂以吸收其燃烧产物,然后再测定各元素。此法常用于有机化合物中卤素等非金属元素的测定。

3. 湿法分解

①HNO_3-H_2SO_4消化。先加HNO_3,再加H_2SO_4,防止炭化(一旦炭化,很难消化到终点)。此法适合于有机化合物中铅、砷、铜、锌等的测定。

②H_2SO_4-H_2O_2消化。适用于含铁或含脂肪高的样品。

③H_2SO_4-$HClO_4$消化或HNO_3-$HClO_4$消化。适用于含锡、铁的有机物的消化。

4. 微波消解法

微波消解法是利用微波对有机样品进行消解,具有比普通开口或密闭容器制样更快速、更易于控制、更适合于自动化等特点。

四、试样的保存

1. 样品容器

对盛样品容器的要求:具有符合要求的盖、塞或阀门,在使用前必须洗净、干燥;材质必须是非敏性物料,样品容器应是不透光的。

2. 样品标签

样品盛入容器后,随即在容器上贴上标签。标签内容包括样品名称及样品编号、总体物料批号及数量、生产单位、采样者等。

3. 样品的保存和撤销

按产品采样方法标准或采样操作规程中规定的样品的保存量(作为备考样)、保存环境、保存时间以及撤销办法等有关规定执行。对剧毒、危险样品的保存和撤销,除遵守一般规定外,还必须严格遵守有关规定。

思考与练习

一、填空题

1. 物质的一般分析步骤,通常包括 _____、_____、_____、_____、_____、_____ 和 _____ 等环节。

2. 分解试样的方法常用 _____ 和 _____ 两种。

3. 当水样中含多量油类或其他有机物时,采样以 _____ 为宜;当测定微量金属离子时,采用 _____ 较好,塑料瓶的吸附性较小。测定二氧化硅必须用 _____ 取样。测定特殊项目的水样,可另用取样瓶取样,必要时需加药品保存。

4. 采样瓶要洗得很干净,采样前应用水样冲洗样瓶至少 _____ 次,然后采样。采样时,水要缓缓流入样瓶,不要完全装满,水面与瓶塞间要留有空隙,但不超过 1 cm,以防水温改变时瓶塞被挤掉。

5. 溶解根据使用溶剂不同可分为 _____ 和 _____。酸溶法是利用酸的 _____、_____ 和 _____ 使试样中被测组分转入溶液。

二、选择题

1. 常见的固体样品的采样工具有( )。

A. 采样斗　　　　B. 采样铲　　　　C. 探管　　　　D. 手工螺旋钻

2.液体样品的采样工具有(　　　　)。

A.采样勺　　　　B.采样瓶　　　　C.采样罐　　　　D.采样管

3.采集液体样品时采样用的容器必须(　　　　)。

A.严密　　　　B.洁净　　　　C.干燥　　　　D.密封

4.试样的采取和制备必须保证所取试样具有充分的(　　　　)。

A.代表性　　　B.唯一性　　　C.针对性　　　D.准确性

5.采集水样时当水样中含有大量油类或其他有机物时,不宜采用的采样器具是(　　　　)。

A.玻璃瓶　　　B.塑料瓶　　　C.铂器皿　　　D.不锈钢器皿　　　E.以上都不是

6.水样存放时间不受(　　　　)的影响。

A.取样容器　　B.温度　　　　C.存放条件　　　D.水样性质　　　E.取样方法

7.水样的保存方法为(　　　　)。

A.冷藏法　　　B.冷冻法　　　C.常温保存法　　　D.化学试剂加入法

8.水样的预处理包括(　　　　)。

A.浓缩　　　　　　　　　　B.过滤

C.蒸馏排除干扰物质　　　　D.消解

9.试样的制备过程通常经过(　　　　)基本步骤。

A.破碎　　　　B.混匀　　　　C.缩分　　　　D.筛分

10.碱熔融法常用熔剂有(　　　　)。

A.碳酸钠　　　B.碳酸钾　　　C.氢氧化钠　　　D.氯化钠

三、简答题

1.矿样粉碎至全部通过一定的筛目,不允许将粗粒弃去,为什么?

2.什么是"四分法"?

3.什么是试样的预处理?

4.通常作为溶剂的酸有哪几种?

5.浓硫酸用水稀释时,可否将水加到浓硫酸中? 应该怎样进行?

6.用 Na_2CO_3 熔融硅酸盐样品时,应选择什么材料的坩埚? 为什么?

7.铂坩埚弄脏后能不能用王水洗涤?

8.什么是电热消解法? 分为哪几类?

9.什么是定温灰化法?

10.试样保存应注意哪些事项?

项目六课件　　　　　　参考答案　　　　　　拓展阅读

项目七

实验室辅助设备

◇**知识目标**

- 认识实验室辅助设备。
- 掌握实验室辅助设备的操作原理及使用方法。
- 学会维护仪器设备。

◇**能力目标**

- 能够认识实验室辅助设备。
- 能够正确操作实验室辅助设备。
- 能够对实验室辅助设备进行日常维护。

◇**思政目标**

- 安全无小事,安全用电,节约用电。
- 爱护公共设备,人人有责。

任务一　电热设备

一、电炉

电炉同煤气灯一样,是化验室中常用的加热设备。电炉主要是靠一条电阻丝(常用的为镍铬合金丝)通上电流产生热量,这条电阻丝常称为电炉丝。

另有一种能调节不同发热量的电炉,常称为"万用电炉"。其外形如图 7.1 所示。炉盘在上方,炉盘下装有一个单刀多位开关,开关上有几个接触点,每两个接触点间装有一段附加电阻,附加电阻用多节瓷管套起来,避免相互接触和跟电炉外壳接触而发生短路或漏电伤人。借滑动金属片的转动来改变和炉丝串联的附加电阻的大小,以调节通过炉丝的电流强度,达到调节电炉发热量的目的。万用电炉的线路如图 7.2 所示。

当金属滑动片2处在断电点3时,电路不通,电炉处于关闭位置。当金属片转至接触点4时,全部附加电阻与炉丝串联,这时总电阻最大,通过的电流最小,炉丝放出热量最少。当金属片转至接触点5时,附加电阻减少一半,电流强度中等,电炉放出热量也是中等。当金属片转至接触点8时,附加电阻为零,电流强度达到最大,电炉放出热量也最大。

如果化验室中没有万用电炉,也可以将普通电炉接上功率相当或比它大的自耦调压器。调节输出电压,这样可以任意改变电流强度,即可任意改变电炉的发热量。这种方法比万用电炉更方便。

图7.1　万用电炉

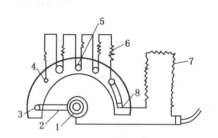
图7.2　万用电炉线路示意图

(一)电热板和电加热套

电热板实际上就是一个封闭式的电炉,一般外形长方形或者圆形,可调节温度,板上可同时放置比较多的加热物体,而且没有明火。电热板(图7.3)是最近10年来被国内实验室所认可和接受的一种常规消解设备。电热板控温好、稳定性高、安全性强,在很大程度上帮实验人员解决电炉消解所面临的一些问题。但是电热板存在一些缺点:能耗大、热能利用率低、加热的有效面积小、处理样品量有限、实验结果的均一性不强。

电加热套(图7.4)是加热圆底烧瓶进行蒸馏的专用设备,外壳做成半球形,内部由电热丝、绝缘材料和绝热材料等组成,根据烧瓶大小选用合适的电加热套,使用时常连接自耦调压器,以调节所需温度。

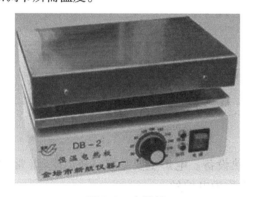
图7.3　电热板

图7.4　电加热套

(二)电炉、电热板和电加热套使用注意事项

①电源电压应和电炉、电热板和电加热套本身规定的电压相符。

②加热容器是玻璃制品或金属制品时,电炉上应垫上石棉网,以防受热不匀导致玻璃器皿破裂和金属容器触及电炉丝引起短路和触电事故。

③使用电炉、电热板和电加热套工作时间不宜过长,以免影响其使用寿命。

④电炉凹槽中要经常保持清洁,及时清除灼烧焦烟物(清除时必须断电),保持炉丝导电良好。电炉和电加热套内防止液体溅落导致漏电或影响其使用寿命。

(三)消化炉

消化炉采用井式电加热方式,使样品在井式电加热炉内加热取得较佳热效应,缩短样品消化煮解时间,从而提高蛋白质等有机物质含量测定的检测速度。加热体(模块)采用红外石英管,耐强酸强碱,防爆裂,寿命长,符合 CE 标准。特点是消化管受热面积大,温差小,样品消化一致性好,热效率高,有利于样品的消煮。控温采用数显控温仪,控温准,升温快。同时,消化管内溢出的 SO_2 等有害气体,通过消化炉上的排污收集管经抽滤泵排入下水道,有效地抑制有害气体的外逸。常用的消化炉外形如图 7.5 所示。

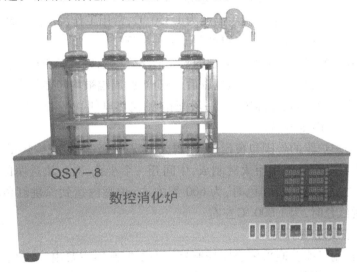

图 7.5 消化炉

1.样品的消化步骤

称取经粉碎通过 40~60 目/寸的试样 0.3~1 g,无损地放入已洗净烘干的消化管内,加水、催化剂和 10 mL 硫酸。

①将消化管分别放入各个消化架的各个孔内,然后置于消化器上,放上已装好密封圈的排污管。

②打开抽气三通进水(自来水),使抽气三通处于吸气状态。

③接通电源。打开各自的开关,转动电位器,调节指示电压 220 V,使其快速消化。

④在消化初始阶段,需注意观察,防止试样因急速加热而飞溅(缓解方法:可在消化至飞溅时关机 5 min 后再开机继续加热。)

⑤消化结束后,消化管及排污管和整个托架一起移到冷却架上进行冷却。在冷却过程中,排污管必须保持吸气状态(千万不能将消化管放入水中冷却)。

⑥防止废气逸出。

⑦仪器使用结束后,填写使用与维护记录。

2. 消化炉的维护与保养

①消化炉的加热温度不可超过 500 ℃,防止仪器发生损坏。

②消化炉在使用过程中出现不正常现象时,应及时关闭电源,检查故障原因。

③在没有专业维修工程师在场的情况下不得私自拆卸消化。

④消化炉的维修及保养需填写记录。

二、马弗炉(高温电炉)

马弗炉也称高温电炉,常用于称量分析中灼烧沉淀、测定灰分等工作。

(一)结构和性能

热力丝结构的马弗炉,最高使用温度为 950 ℃,短时间可以为 1 000 ℃。硅碳棒式马弗炉的发热元件是炉内的硅碳棒,最高使用温度为 1 350 ℃,常用工作温度为 1 300 ℃。马弗炉根据使用需求分为固定温度升温和程序温度升温两种类型。

马弗炉的炉膛由耐高温而无涨缩碎裂的氧化硅结合体制成。炉膛内外壁之间有空槽,炉丝串在空槽中,炉膛四周都有炉丝。通电以后,整个炉膛周围被均匀加热而产生高温。

硅碳棒式马弗炉,发热元件硅碳棒(一般配铂-铂铑热电偶)分布在炉膛两侧。电阻丝式马弗炉一般配镍铬-镍铝热电偶。

硅碳棒式马弗炉炉膛的外围包覆耐火砖、耐火土、石棉板等,以减少热量的损失。外壳包上带角铁的骨架和铁皮,炉门用耐火砖制成,中间开一个小孔,嵌一块透明的云母片,以观察炉内升温情况。当炉膛内呈暗红色时,为 600 ℃左右;炉膛内达到深桃红色时,为 800 ℃左右;炉膛内呈浅桃红色时,为 1 000 ℃左右。

(二)使用方法及注意事项

炉内的温度控制目前普遍采用温度控制器。温度控制器主要由一块毫伏表和一个继电器组成,连接一支相匹配的热电偶进行温度控制。热电偶装在瓷管中并从马弗炉的后部中间小孔伸进炉膛内。热电偶随着炉温不同产生不同的电势,电势的大小直接用温度数值在控制器表头上显示出来。当指示温度的指针(上指针)慢慢上升与事先调好的控制温度指针(下指针)相遇时,继电器立即动作切断电路,停止加热。当温度下降到上下指针分开时,继电器又使电路重新接通,电炉又继续加热。如此反复动作,就可达到自动控温目的。一般在灼烧前,将控温指针拨到预定温度的位置,从到达预定温度时计算灼烧时间。

1. 热电偶的工作原理

用两条不同金属的导线连成一个闭合电路。不同金属中的电子浓度和运动速度不同,闭合电路中就形成了电流,产生了温差电动势。这两种不同金属所接成的电路称为热电偶。把一个毫伏表接在热电偶两端用以测量温差电动势的大小,冷点和热点温差越大,毫伏数越大。毫伏表上的刻度按照所配用的热电偶的特性画成相应的温度数值,可以直接读出温度值。如图 7.6 所示为马弗炉外形。

图 7.6 马弗炉

2.马弗炉使用注意事项

①马弗炉必须放置在稳固的水泥台上,将热电偶棒从马弗炉背后的小孔插入炉膛内,将热电偶的专用导线接至温度控制器的接线柱上。注意正、负极不要接错,以免温度指针反向而损坏。

②查明电炉所需电源电压,配置功率合适的插头、插座和保险丝,并接好地线,避免危险。炉前地上应铺一块厚胶皮布,这样操作时较安全。

③灼烧完毕后,应先拉下电闸,切断电源。但不应立即打开炉门,以免炉膛骤然受冷碎裂。一般可先开一条小缝,让其降温快些,最后用长柄坩埚钳取出被烧物件。

④马弗炉在使用时,要经常照看,防止自控失灵,造成电炉丝烧断等事故。晚间无人值守时,切勿启用马弗炉。

⑤炉膛内要保持清洁,炉子周围不要堆放易燃易爆物品。

⑥马弗炉不用时,应切断电源,并将炉门关好,防止耐火材料受潮气侵蚀。

三、鼓风干燥箱、真空干燥箱

干燥箱又称烘箱,根据加热条件不同可分为真空干燥箱和鼓风干燥箱,常说的烘箱指的是鼓风干燥箱,其温度很高。它既是高温烘干产品的工具,也是高温杀死细菌的设备。真空干燥箱是在负压的条件下烘干样品的装置,同时是一个可以在低温下干燥的设备。要根据实验的具体需要而选择适当的箱体。

(一)鼓风干燥箱、真空干燥箱结构

鼓风干燥箱和真空干燥箱的结构如图 7.7 和图 7.8 所示,它们都具有智能程序温控系统,实现对物料的干燥。两者的区别:鼓风干燥箱是在风机的作用下,快速地将物料表面挥发出来的挥发性物质分子通过空气交换带走,从而达到快速干燥物料的目的。真空干燥箱是通过真空泵将干燥物料所在的空间抽成负压即所谓真空状态,在真空状态或低压状态下,物料

中的水分、溶剂及其他挥发性组分的沸点降低,从而在较低温度下就可以脱离物料颗粒表面而被真空泵抽走。真空干燥箱主要应用在高温下易氧化、聚合及发生其他化学反应的物料。当然,它还有加热促使水分、溶剂及挥发性组分加快挥发从而脱离物料表面的双重作用。

图7.7　鼓风干燥箱　　　　　　　　　图7.8　真空干燥箱

(二)使用方法及注意事项

干燥箱应该安放在室内干燥、水平处,周围无易燃物质。在供电线路中需安装一只空气闸刀开关,供设备专用;做好设备的接地工作(将接地线插片端插入接线柱并旋紧,另一端与固定接地线装置相连)。通电前先检查干燥箱的电气性能,并应注意是否有断路或漏电现象。待一切准备就绪,可将样品放入箱内,关上箱门,进行干燥或其他实验。

1.鼓风干燥箱的操作方法

①按下"电源开"按钮,使设备通电,控温仪表上有数值显示。

②按控温仪表操作程序设定所需工作温度与时间。

③进入运行状态(即有"加热"输出指示)时,箱体上的"加热指示灯"亮,表示箱体已进入升温状态。当温度达到设定值时,指示灯闪烁并停止加热。

④设备使用完毕,按下"电源关"按钮,使设备失电,并断开空气闸刀开关,使设备外接电源全部切断。

2.鼓风干燥箱的注意事项

①干燥箱为非防爆型干燥器,切勿将带有易燃、易挥发性及易爆的物品放入箱内干燥处理,以免引起爆炸事故及其他危险。

②使用前必须检查加热器的每根电热丝安装位置,以防因运输震动后可能引起的相碰或断开现象。

③设备开机时遇报警断电,请将超温保护设定装置上的温度值调节到大于工作温度10 ℃左右,调整好后,即可使设备进入正常工作状态。

④首次或长期搁置恢复使用设备时,应该空载开机一段时间(最好8 h以上,期间开、停机2~3次)后再放置样品进行干燥处理,以消除运输、装卸、储存中可能产生的故障,免除无谓损失。

⑤当需要观察工作室内样品情况时,可开启外道箱门,透过玻璃门观察。但箱门以尽量少开为宜,以免影响恒温。特别是当工作温度在200 ℃以上时,开启箱门有可能使玻璃门骤冷而破裂。

⑥鼓风干燥箱在加热和恒温过程中必须将鼓风机开启,否则影响工作室温度的均匀性和损坏加热元件。

⑦工作完毕后应切断电源,确保安全,并且确保箱体内外保持清洁。

3.真空干燥箱的操作方法

①需干燥处理的物品放入真空干燥箱内,将箱门关上,并关闭放气阀,开启真空阀。

②把真空干燥箱电源开关拨至"开"处,选择所需的设定温度,箱内温度开始上升,当箱内温度接近设定温度时,加热指示灯忽亮忽熄,反复多次,一般120 min以内可进入恒温状态。

③第一次可设定50 ℃,等温度过冲开始回落后,第二次设为60 ℃,这样可降低甚至杜绝温度过冲现象,尽快进入恒温状态。

④干燥结束后应先关闭干燥箱电源,开启放气阀,解除箱内真空状态,再打开箱门取出物品。

4.真空干燥箱的注意事项

①使用时应当观察真空泵的油位,以免缺油而损坏电机。

②真空干燥箱不需连续抽气使用时,应先关闭真空阀,再关闭真空泵电源,否则真空泵油会倒灌至箱内。

③真空干燥箱无防爆装置,不得放入易爆物品干燥。

④真空干燥箱与真空泵之间最好安装过滤器,以防止潮湿体进入真空泵。

⑤使用过程中先抽真空再升温加热,待达到了额定温度后如发现真空度有所下降时再适当加抽一下。

5.真空干燥箱的维护保养

①真空干燥箱应经常保持清洁,箱门玻璃应用松软棉布擦拭,切忌用有反应的化学溶剂擦拭,以免发生化学反应和擦伤玻璃。

②如真空干燥箱长期不用,应在电镀件上涂中性油脂或凡士林,以防腐蚀,并套上塑料薄膜防尘罩,放在干燥的室内,以免电器件受潮而影响使用。

四、电热恒温水(油)浴锅

电热恒温水(油)浴锅常作蒸发和恒温加热用,有单孔和多孔之分。

(一)结构和性能

1.结构

电热恒温水浴锅(图7.9)一般都采用水槽式结构,分内外两层,内层用铝板或不锈钢板制成内胆,胆内底部设有电热管和托架。电热管是铜质管,管内装有电炉丝并用绝缘材料包裹,有导线连接温度控制器。外壳用薄钢板制成,外壳与内胆之间填充石棉等绝热材料。温度控制器的全部电气部件均装在水浴锅内,控制器所带的感温管则插在内胆中。电器箱表面有电源开关、调温旋钮和指示灯。水浴锅左下侧有放水阀门,水浴锅顶上有一小孔可插温度计。

图 7.9　电热恒温水浴锅

图 7.10　电热恒温油浴锅

2. 性能

水浴锅用电热加温。电源电压为 220 V,水浴锅恒温范围为 37 ～ 100 ℃(需高于室温 3 ℃),温差为±1 ℃。油浴锅和水浴锅构造相似,只是把加热介质由水变成了油。恒温油浴锅在实验室中应用非常广泛,是一种必备的高温恒温设备。它是采用高温加热管对导热油进行加热,再通过精密的温控仪表对温度进行精确的控制。油浴锅所使用的油,要根据温度和实验要求来定。温度低的用甘油,温度高的用棉籽油,一般情况下恒温油浴锅常用的油有油 NO.1、油 NO.2、橄榄油、棉籽油、液状石蜡、麻油、机油、变压器油。这些油中橄榄油、棉籽油、麻油的闪点都在 300 ℃左右。如果要进行高温试验,推荐使用这几种油,否则当达到油的着火点时,会非常危险。

（二）使用方法及注意事项

1. 水浴锅的使用方法

①关闭放水阀门,将水浴锅内注入清水(最好用纯水)至适当的深度,一般不超过水浴锅容量的 2/3。

②将电源插头接在插座上,并在插座的粗孔安装地线。

③开启电源开关接通电源,调节调温控制按钮至设定温度。

④炉丝加热后温度的指数上升到控制的温度时红灯熄灭,此后红灯就不断熄亮,表示恒温控制器发生作用。

2. 油浴锅的使用方法

①油浴锅使用时必须先加油于锅内,再接通电源,数字温控表显示实际测量温度,调节旋钮开关。

②观察读数至所需温度值,当设定温度值超过油温时,加热指示灯亮,表明加热器已开始工作。

③当油温达到所需温度时,恒温指示灯亮,加热指示灯熄。

④应注意锅内油不能使电热管漏出油面,以免烧坏电热管,造成漏电现象。

3. 水浴锅的注意事项

①切记水位一定保持不低于电热管,否则将立即烧坏电热管。

②控制箱内部不可受潮,以防漏电和损坏控制器。

③使用时应随时注意水箱是否有渗漏现象。除了普通的电热恒温水浴锅外,还有些精密试验用的超级恒温水浴锅,它用电动循环泵进行搅拌,并有良好的自动控温系统,恒温波动度为±0.05 ℃。

4.油浴锅的注意事项

①在向油浴锅内注入液体时,要控制液位,严防过量溢出,夏天室内与室外温度差异大,当实验温度达到300 ℃时,液位应控制在容积的80%左右。

②禁止使用可燃性、挥发性高的油,所使用的油,要根据温度和实验要求来定。温度低的用甘油,温度高的用棉籽油。

③油浴锅不要在换气差的场所使用,远离火源、易产生火花地点,以免引发火灾。

④禁止在无油的情况下空烧,会引起漏电,发生火灾,烧坏加热管。禁止用湿手在湿气过多的地方进行操作,有漏电触电的危险。电源必须使用接地插头。

任务二　电动设备

一、电动离心机

离心分离机的作用原理有离心过滤和离心沉降两种。离心过滤是使悬浮液在离心力场下产生的离心压力作用在过滤介质上,使液体通过过滤介质成为滤液,而固体颗粒被截留在过滤介质表面,从而实现液-固分离;离心沉降是利用悬浮液(或乳浊液)密度不同的各组分在离心力场中迅速沉降分层的原理,实现液-固(或液-液)分离。

衡量离心分离机分离性能的重要指标是分离因数。它表示被分离物料在转鼓内所受的离心力与其重力的比值,分离因数越大,通常分离越迅速,分离效果越好。工业用离心分离机的分离因数一般为100~20 000,超速管式分离机的分离因数可高达62 000,分析用超速分离机的分离因数最高达610 000。决定离心分离机处理能力的另一个指标是转鼓的工作面积,工作面积越大处理能力越强。

(一)普通电动离心机

普通电动离心机属常规实验室用电动设备,其最高转速为4 000 r/min。仪器多采用无级调速和自动调节平衡装置,具有运转平稳、体积小、造型美观、温升低、使用效率高以及适用性广等优点。

电动离心机的工作环境温度为5~40 ℃,相对湿度应不高于80%,没有导电尘埃、腐蚀性气体等。工作台应水平、稳固,防止出现震动,工作间应整洁、清洁、干燥,并通风良好。

1.电动离心机操作规程

①依照"使用前须知"做好准备工作。

②将称好的质量一致的试管对应放入离心孔内,合上离心机盖。

③接通电源,按"开/关"键开启机器。设定所需速度为1 000~4 000 r/min。

④按启动键开始工作,如需中途退出,请先按暂停键后断电,切莫直接断电。

⑤工作完毕,关闭电源,清洁整机。

2.电动离心机使用注意事项

①离心管要对称放置,如管为单数不对称时,应再加一管装相同质量的水调整对称。

②开动离心机时应逐渐加速,当发现声音不正常时,要停机检查,排除故障(如离心管不对称、质量不等、离心机位置不水平或螺帽松动等)后再工作。

③关闭离心机时要逐渐减速,直至自动停止,不要用手强制停止。

④离心机的套管要保持清洁,管底应垫上橡胶垫、玻璃毛或泡沫塑料等物,以免试管破碎。

⑤密封式的离心机在工作时要盖好盖,确保安全。

(二)高速电动离心机

高速离心机转速大于等于 10 000 r/min,广泛用于生物、化学、医药等科研教育和生产部门,适用于微量样品快速分离合成。

高速离心机使用注意事项:

①使用高转速时,要先在较低转速运行 2 min 左右以磨合电机,然后逐渐升到所需转速。不要瞬间运行到高转速,以免损坏电机。

②不得在机器运转过程中或转子未停稳的情况下打开盖门,以免发生事故。

③不得使用伪劣的离心管,不得使用老化、变形、有裂纹的离心管。

④每次停机后再开机的时间间隔不得少于 5 min,以免压缩机堵转而损坏。

⑤离心机一次运行最好不要超过 30 min。

二、电动搅拌器

电动搅拌器由叶轮、搅拌轴、电机和配件(变速器、机架等)等构成(图 7.11)。电动机驱动的搅拌设备转速一般都比较低,电动机绝大多数情况下都是与变速器组合在一起使用的,有时也采用变频器直接调速。无级变速器的主要功能是根据实际需要随时调整工作转速。搅拌器的分类主要按叶轮形态分类,如框式搅拌器、锚式搅拌器、螺旋桨式搅拌器等。

使用注意事项:

①工作时如发现搅拌棒不同心、搅拌不稳的现象,需关闭电源调整支紧夹头,使搅拌棒同心。

②勿过载使用。

三、磁力搅拌器

磁力搅拌器是由一个微型马达带动一块磁铁旋转,吸引托盘上装溶液的容器中的搅拌子转动,达到搅拌溶液的目的。搅拌子也称磁子,它是用一小段铁丝密封在玻璃管或塑料管中(避免铁丝与溶液起反应),搅拌子随磁铁转动而转动。托盘下面除磁铁外,还有电热装置,很细的电热丝夹在云母片内,起加热作用(图 7.12)。

图 7.11　电动搅拌机示意图

图 7.12　磁力搅拌机示意图

使用磁力搅拌器前,先将转速调节旋钮调至最小,接上 220 V 电源,打开电源开关,选择合适的搅拌子放入溶液,即开始搅拌,搅拌子应在容器中央,不应碰壁。需要加热时,可打开加热开关,调节合适的温度。

1. 磁力搅拌器的操作步骤

①使用磁力搅拌器之前要检查其电源是否已经连接,调速旋钮是否已经归零。

②将盛有溶液的容器放置于仪器台面的搅拌位置,内放搅拌子,插上电源插头,开启电源,电源指示灯即亮。

③打开搅拌开关,指示灯亮,把调速旋钮顺时针方向由慢到快,调至所需速度,由搅拌子带动溶液进行旋转以均匀混合溶液。

④机内装有加热装置。需要加热,在仪器背面插入传感器插头,调节控温旋钮至所需温度。

⑤使用完毕后,先将调速旋钮逆时针方向由快到慢调为零,如用加热功能则需要将控温旋钮调为零,再关闭电源开关,最后将盛有溶液的容器拿下来。

2. 磁力搅拌器使用注意事项

①使用之前确保调速旋钮和控温旋钮调为零。

②使用时,按顺序先装好夹具,把所需搅拌的溶液放在镀铬盘正中,然后选定所需温度,开始搅拌,由低速逐步调至高速,不搅拌时不能加热,仪器应保持清洁干燥,严禁溶液进入机内。

③搅拌时发现搅拌子跳动或不搅拌,检查烧杯是否平、位置是否正。

④仪器使用完毕将调速旋钮和控温旋钮调为零,关闭电源开关。

四、振荡器

振荡器是生物实验室对各种试剂、溶液、化学物质等进行振荡、提取、混匀处理的必备常规仪器(图 7.13)。

图 7.13　振荡器示意图

1. 振荡器操作

打开仪器盖,把需振荡的容器夹在弹簧万用夹上,打开电源开关,再根据所需的工作时间打开定时器,设置所需温度,振荡速度由慢向快进行调节。

2. 振荡器使用注意事项

①取出或放入容器时应关机后进行。

②选择振荡速度,之前有个缓启动状态。

五、匀浆机

匀浆机利用高速旋转的转子与精密的定子配合,依靠高线速度,产生强劲的液力剪切、离心挤压、高速切割及碰撞,起到使物料充分分散、乳化、均质、粉碎、混合等作用,适用于液体/液体的混合、乳化、均质,液体/固体粉末的分散,组织细胞的捣碎、浆化,适合于实验室中的微量处理(图7.14)。

图7.14　匀浆机示意图

六、旋转蒸发仪

旋转蒸发仪主要用于在减压条件下连续蒸馏易挥发性溶剂,尤其适用于萃取液的浓缩和色谱分离时接收液的蒸馏,也可用于分离和纯化反应物。旋转蒸发仪的基本原理就是减压蒸馏,即在减压情况下,当溶剂蒸馏时,蒸馏烧瓶连续转动。蒸馏烧瓶是一个带有标准磨口接口的茄形或圆底烧瓶,通过一高度回流蛇形冷凝器与减压泵相连,回流冷凝器另一开口与带有磨口的回收瓶相连,用于接收被蒸发的有机溶剂。在冷凝器与减压泵之间有一个三通活塞,当体系与大气相通时,可以将蒸馏烧瓶、接液烧瓶取下,转移溶剂,当体系与减压泵相通时,则体系处于减压状态。使用时,应先减压,再开电动机转动蒸馏烧瓶;结束时,应先停机,再通大气,以防蒸馏烧瓶在转动中脱落。作为蒸馏的热源,常配有相应的恒温水槽(油槽)(图7.15)。

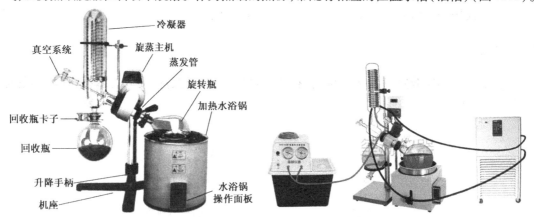

图7.15　旋转蒸发仪示意图

1.旋转蒸发仪主要部件

①旋蒸主机。是指通过马达的旋转带动盛有样品的旋转瓶。

②蒸发管。蒸发管有两个作用,首先起到样品旋转支撑轴的作用;其次通过蒸发管、真空系统将样品吸出。

③真空系统。用来降低旋转蒸发仪系统的气压。

④加热水浴锅。通常情况下都是用水加热样品,如果需要的温度超过90 ℃,需要用油浴。

⑤冷凝器。使用双蛇形冷凝或者其他冷凝剂如干冰、丙酮冷凝样品。

⑥回收瓶。样品冷却后进入回收瓶。

2. 旋转蒸发仪的使用方法

①高低调节。升降手柄上、下抬起,可调节旋转瓶的高低。有的旋转蒸发仪是电动控制升降的,电动开关可调节控制旋转瓶的高低。

②冷凝器上有两个外接头是接冷却水用的,一头接进水,另一头接出水。冷凝器后面有个旋动活塞的端口装抽真空接头,接真空泵皮管抽真空用。

③开机前先将调速旋钮左旋到最小,按下电源开关指示灯亮,然后慢慢往右旋至所需要的转速,一般大蒸发瓶用中、低速,黏度大的溶液用较低转速,溶液量一般不超过蒸馏烧瓶容积的 50% 为宜。

④使用时,应先减压,再开动电机转动蒸馏烧瓶;结束时,应先停电动机,再通大气,以防蒸馏烧瓶在转动中脱落。

3. 旋转蒸发仪的维护

①用前仔细检查仪器,玻璃瓶是否有破损,各接口是否吻合,注意轻拿轻放。

②用软布(可用餐巾纸替代)擦拭各接口,然后涂抹少许真空脂。

③各接口不可拧得太紧,要定期松动活络,避免长期紧锁导致连接器咬死。

④先开电源开关,然后让机器由慢到快运转,停机时要使机器处于停止状态,再关开关。

⑤各处的开关不能拧得过紧,容易损坏玻璃。

⑥每次使用完毕必须用软布擦净留在机器表面的各种油迹、污渍,保持清洁。

⑦停机后拧松各开关,长期静止在工作状态会使活塞变形。

七、超声清洗机

1. 工作原理

图 7.16　超声波清洗机示意图

超声波是频率高于 20 000 Hz 的声波,它方向性好,穿透能力强,易于获得较集中的声能,在水中传播距离远,可用于测距、测速、清洗、焊接、碎石、杀菌消毒等。超声清洗机(图7.16)工作时,由超声波发生器发出的高频振荡信号,通过换能器转换成高频机械振荡而传播到清洗溶剂中,超声波在清洗液中疏密相间地向前辐射,使液体流动而产生数以万计的直径为 50 ~ 500 μm 的微小气泡,存在于液体中的微小气泡在声场的作用下振动。这些气泡在超声波纵向传播的负压区形成、生长,而在正压区,当声压达到一定值时,气泡迅速增大,然后突然闭合,并在气泡闭合时产生冲击波,在其周围产生上千个大气压,破坏不溶性污物而使其分散于清洗液中,当团体粒子被油污裹着而黏附在清洗件表面时,油被乳化,固体粒子脱离,从而达到净化的目的。

2. 超声波清洗机的使用方法和注意事项

(1)超声波清洗机的使用方法

①将发生器与清洗槽连接电缆接好。

②清洗槽内必须加入清洗液或水。清洗液或水的液面不得低于清洗槽高度的 2/3(最佳位置应与网篮上沿口平齐)。

③将被清洗物质放入金属框内,根据清洗物的积垢程度,设定清洗时间,一般 3 ~ 30 min(严禁把被清洗物质直接放在清洗槽底使用)。

④开启电源开关设定好超声工作时间,按"启动/停止"键开始工作,此时液面呈现蛛网状波动,且伴有振响,表示清洗机已进入工作状态。

⑤具有加热功能的超声波清洗机,只有当水温升到额定温度后方能启动。

⑥较重的物件应通过挂具悬挂在清洗液中。

(2)超声波清洗机的注意事项

①超声波清洗机电源及电热器电源必须有良好的接地装置。

②超声波清洗机严禁无清洗液开机,即清洗缸没有加一定数量的清洗液,不得合上超声波开关。

③有加热功能的清洗机严禁无液时打开加热开关。

④禁止用重物(铁件)撞击清洗缸缸底,以免能量转换器晶片受损。

⑤采用清水或水溶液作为清洗剂,绝对禁止使用酒精、汽油或任何可燃气体作为清洗剂加入清洗机中。

任务三　微波制样设备

微波是一种在波长1 mm ~ 1 m(其相应的频率为300 MHz ~ 300 GHz)的电磁波,常用的微波频率为2 450 MHz。微波具有吸收性、穿透性、反射性,它可为极性物如水等选择性吸收被加热,不为玻璃、陶瓷等非极性物吸收而具有穿透性。但金属对微波具有反射性。

一、微波制样的原理及特点

利用微波的穿透性和激活反应能力加热密闭容器内的试剂和样品,可使制样容器内压力增加,反应温度提高,从而大大提高反应速率,缩短样品制备的时间。当微波通过试样时,极性分子随微波频率快速变换取向,2 450 MHz的微波,分子每秒钟变换方向2.45×10^9次,分子来回转动,与周围分子相互碰撞摩擦,分子的总能量增加,使试样温度急剧上升。同时,试样中的带电粒子(离子、水合离子等)在交变的电磁场中,受电场力的作用而来回迁移运动,与邻近分子撞击,使得试样温度升高。这种加热方式与传统的电炉加热方式不同。微波加热快、均匀、过热、不断产生新的接触表面。

①体加热。电炉加热时,是通过热辐射、对流与热传导传送能量,热是由外向内通过器壁传给试样,通过热传导的方式加热试样。微波加热是一种直接的体加热的方式,微波可以穿入试样的内部,在试样的不同深度,微波所到之处同时产生热效应,这不仅使加热更快速,而且更均匀,大大缩短了加热的时间,比传统的加热方式既快速又效率高。

②过热。微波加热会出现过热现象(即比沸点温度还高)。电炉加热时,热是由外向内通过器壁传导给试样,在器壁表面上很容易形成气泡,不容易出现过热现象。温度始终保持在沸点上,因为汽化要吸收大量的热。而在微波场中,体系内部缺少形成气"泡"的"核心",很容易出现过热,对密闭溶样罐中的试剂能提供更高的温度,有利于试样的消化。

③搅拌。试剂与试样的极性分子都在2 450 MHz电磁场中快速地随变化的电磁场变换取向,分子间互相碰撞摩擦,试样表面不断接触新的试剂,促使试剂与试样的化学反应加速进行,使得消化速率加快。

二、微波消解设备

微波消解仪主要用于样品的消解和消化,如用于原子吸收光谱仪、原子荧光光谱仪、电感耦合等离子体发射光谱、电感耦合等离子体质谱联用等分析仪器的样品制备。

1.设备构成

微波消解仪(图7.17)一般采用双磁管发射微波,微波最大输出功率大于1 800 W,运行功率根据反应温度和压力的反馈可实现自动变频控制非脉冲连续微波加热;一般采用防爆炉门,有的微波消解仪具有自弹出缓冲结构,可实现电子和机械双重控制门锁;高压反应罐一般由高强复合材料制成(图7.18),最高耐压≥15 MPa,最高耐温≥300 ℃。

图7.17　微波消解仪

图7.18　高压反应罐

2.使用方法和注意事项

(1)微波消解仪操作规程

①检查消解罐各组件是否干净。

②根据仪器要求称取适量的样品,放入适当适量的酸和去离子水。

③根据仪器操作规程运行消解仪。

④在消解完成后,打开炉门,取出消解罐。待其冷却至室温后。方可拧开消解罐。

(2)微波消解仪操作注意事项

①检查外罐是否有裂缝。

②严禁对含有机溶剂或挥发性的样品进行消化。如要消化,应先水浴蒸干。

③严禁用高氯酸进行消化。

④称样时严禁将样品粘在溶样杯壁上,避免任何物质粘在密封和溶样杯内壁之间,否则会影响消解罐的密封性而造成泄漏。

⑤确保放入的消解罐保持了对称,如果需要消解的样品罐太少,可以放入空的容器架保持平衡。

⑥泄气时请注意,高温、高压下切不可泄气,以防溶样杯内液体喷出伤人。温度高时泄气,易造成挥发元素损失。

三、微波萃取设备

微波萃取设备分两类:一类为微波萃取罐;另一类为连续微波萃取线。两者的主要区别:一个是分批处理物料,类似多功能提取罐;另一个是以连续方式工作的萃取设备。

微波只对极性分子进行选择性加热,整个萃取过程由微波辐射能穿透介质,到达物料的内部,使基质内部温度迅速上升,增大萃取成分在介质中的溶解度,然后微波在产生的电磁场中加速目标物向溶剂的扩散,对天然产物活性成分有很强的选择性溶出,活性成分分子极性越强,选择性越高。微波萃取过程的核心是一个解吸和扩散的串联控制过程,解吸和扩散的快慢决定了萃取过程的速率。

1. 微波萃取的特点

与传统其他萃取方式相比,微波萃取具有以下特点:①质量高,可有效地保护食品中的功能成分;②产量大;③对萃取物具有高选择性;④省时(30 s ~ 10 min),在同一对象提取中,采用传统方法需要几小时至十几小时,超声提取法也需半小时到一小时,而微波提取只需几秒到几分钟即可完成;⑤溶剂用量少(可较常规方法少 50% ~ 90%);⑥能耗低,微波萃取微波功率较小且辐射时间短,是传统方法能耗的几十分之一,甚至几百乃至几千分之几。

2. 使用方法

微波萃取的方法一般有 3 种:常压法、高压法和连续流动法。而微波加热体系有密闭式和敞开式两类。

①常压法。一般是指在敞开容器中进行微波萃取的一种方法。其设备主要有直接使用普通家用微波炉或用微波炉改装成的微波萃取设备。

②高压法。使用密闭萃取罐的微波萃取法。其优点是萃取时间短,试剂消耗少。这种方法是目前使用较多的一种方法。一般由聚四氟乙烯材料制成的专用密闭容器作为萃取罐。它能允许微波自由通过,耐高温高压且不与溶剂反应。

③连续流动法。以连续方式微波萃取,溶剂不间断添加和流走。

3. 微波萃取设备使用注意事项

①萃取时所用溶剂总量不能超过容器体积的 80%。

②内罐使用前可用 5% 硝酸或洗洁精溶液浸泡以保持洁净。

③操作前确认罐体外壁无水珠,以免加热过程中吸收微波能量。

④力矩扳手拧紧罐体时,只需听见第一声响声即表示罐体已拧紧,忌重复拧紧。

⑤实验完毕开罐时应在通风橱中完成。罐中有溶剂,开罐时应小心缓慢。

⑥罐体可在水中进行冷却,注意水位线不要越过外罐高度,否则可能污染样品。

思考与练习

简答题

1. 电炉加热和微波加热各有什么特点?

2. 马弗炉烧结样品时,对样品有什么要求?使用过程中应注意什么问题?

3. 微波萃取装置还可以应用到哪些方面?

4. 简述旋转蒸发仪的操作步骤。

5. 鼓风干燥箱与真空干燥箱在使用上有何异同?

项目七课件   参考答案   拓展阅读

项目八

分析测试的质量保证

◇ **知识目标**

- 理解分析测试质量控制的内容。
- 理解随机误差和系统误差显著的特征。
- 掌握分析测试中的误差。
- 掌握化学试剂的正确使用。
- 理解标准物质的使用原则。
- 理解标准物质的管理方法。
- 掌握实验室内部比对的特点。
- 掌握回收率试验、空白实验、平行样的分析方法。
- 理解实验室间比对的主要目的。
- 理解能力验证计划的类型。
- 掌握实验室能力验证计划的参加程序。
- 理解全面质量管理的核心思想。
- 理解全过程管理的含义。
- 掌握全方位的质量管理的程序。

◇ **能力目标**

- 能掌握误差的分析和判断方法。
- 能正确掌握标准物质的使用。
- 能正确掌握化学试剂的使用。
- 能掌握标准物质的管理。
- 能正确掌握标准物质的使用。
- 能正确掌握回收率试验、空白实验、平行样分析的技能。
- 能掌握实验室能力验证计划结果的分析处理。
- 能正确掌握实验室能力验证计划的选择原则。
- 能掌握实验室全过程质量管理的方法。

● 能正确掌握实验室全员质量管理方法的要点。

◇ **思政目标**

● 培养学生正确评价和表达分析结果的能力,认识到对实际数据进行可靠性检验的重要性。
● 培养学生求真务实、实事求是的科学态度及社会责任感。
● 培养学生具有校准工作科学求真的精神。
● 培养学生体现实验室以客户为焦点的服务宗旨,保证检测的科学性和公正性。
● 培养学生实验室安全知识和安全意识。
● 培养学生严格遵守实验室安全法律、法规,确保实验室安全和高效运行。
● 培养学生在实验室工作中,严格按照实验室管理要求,加强团队意识,增强与团队成员间的沟通和交流,提高实验室检测的准确性。

分析测试涉及的范围非常广泛,与化学成分、理化特性有关的生产过程控制、产品质量的检验与评价、物料的定值、环境的监测、质量纠纷的仲裁、有关案件的调查、临床化验、实验室认证、有关仪表的校准和定度、检测人员的考核等,都需要有可靠的分析测试数据。在国际贸易和科技交往中,测试结果必须要有国际可比性。

任何分析检测机构向用户或社会提供的检测数据必须是准确可靠的,分析测试数据出现差错可能直接导致重大的经济损失和不良的社会影响。据 H. S. Hertz 估计,1988 年美国每天进行着 2.5 亿个化学分析,其中大约 10% 的分析测试(每天 2 500 万次)因不可靠而必须重复。这些不合格的分析每年要多耗费 50 亿美元(每年错误测试造成的损失)。在产品特性与化学组成紧密联系的工业中,有将近 30% 的样品必须重测。所有这些数字还不包括错误测试对经济和社会产生副作用造成的损失。

通过上述不仅说明了准确分析测试的重要性,还体现出提高分析测试质量的必要性。分析测试的方法是多样的,分析样品更是千差万别的。但最终的要求是消耗较少的试剂和原材料、缩短分析测试时间,获得更准确有效的结果。

科技水平的发展和社会的需求对分析测试提出了更高要求,需要分析测试工作者用分析测试结果来回答问题和指明努力的方向,并且社会生产和科技主要问题的决定常常直接基于化学测试的结果。

质量控制贯穿于实验室全部质量活动的始终,本章主要讨论的内容分 4 个部分:①分析测试的质量保证;②实验室内质量控制技术;③实验室外质量控制技术;④分析质量评价方法。

任务一　分析测试的质量控制技术

为了得到准确可靠、高质量的测试结果必须将分析测试全过程的各个环节作分析,找出可能产生测试误差的因素,进而控制因素,使可能产生的误差降到最小或可以接受的水平。为了确保分析检测机构提供的监测数据可靠,根据 ISO/IEC 17025 国际标准[CNAS 认可准则(CNAS-CL01:2006)]5.9 条款对实验室分析测试提出明确的要求,和我国标准委发布的 GB/

T 27025—2019《检测和校准实验室能力的通用要求》为提高我国分析数据的质量控制和质量保证提供了依据。质量控制是利用现代科学管理的方法和技术分析过程中的误差,控制与分析有关的各个环节,确保实验结果的准确可靠。

一、分析测试质量控制的内容

任何测试均会产生测量误差,分析测试是比较复杂的过程,误差源很多。取样和样品处理往往成为主要的误差源。分析测试质量控制的任务就是把所有的误差,其中包括系统误差、随机误差,甚至疏忽误差,减少到预期的水平。

误差减小到什么程度才是可接受的,这应从实际需要出发。例如,某项分析测试的目的是检验工业产品的质量,就应以被检验的产品规格标准决定误差限;若是为了环境监测或污染源监测而进行的分析测试,则应以能够定量地评价环境质量,或应以排污是否符合标准来决定误差限。假如不是根据实际需要,而盲目地作出误差限的选择,那么可能发生两种情况:

①分析结果不能表明产品是否合格,排污是否达到标准,甚至导致错误的结论。不能说明问题的数据是徒劳无益的,而导致错误结论的数据将会给事业造成更大的损失。

②过分地追求分析结果的可靠性,将会消耗不必要的人力与物力。虽然这不存在着什么危险性,但是降低了工作效率,增加了消耗也是不科学的。

于是,一方面需要采取一系列减小误差的措施,对整个分析过程(从取样到分析结果的计算)进行质量控制;另一方面需要行之有效的方法,对分析结果进行质量评价,及时发现分析过程中的问题,确保分析结果的可靠性。

质量控制工作必须贯穿于分析过程的始终,包括取样、样品处理、方法选择、测定过程、实验记录、数据检查、数据的统计分析等。在整个过程中,分析测试工作者是最积极的因素,他们对质量控制工作的重要性认识得越深刻,态度越积极,其效果将会越显著。

二、分析测试的质量控制

化学测试过程一般包括被测样品的处理,测量法的选择,标准的制备,测量仪器的校准、测定,数据的统计分析与报告测试结果。其中每个环节均与测试者的操作技术、理论知识与质量意识密切相关,并受实验室环境条件、所用化学试剂以及辅助设备的影响。随着痕量分析技术的发展,人们日益重视质量保证工作,从组织机构、规章制度与技术方案等方面避免疏忽误差的发生,最大限度地减小或消除系统误差,提高测量的精密度。

1. 分析测试中的误差

分析测试的任务是准确测定试样的某个或某些特性量值,不准确的测试结果不仅不能指导生产、科研或对某些事物的判断,甚至因使用错误数据而造成事故、危及人们的生命安全。

分析测试人员总是希望获得准确的测试结果,但误差是客观存在的,任何测试不可能没有误差,测试人员能做到的是如何减少误差,使所得的结果能达到预期的目的。

误差有 3 种类型,即随机误差、系统误差和过失误差。过失误差是指在实际工作中,由于操作人员的粗心大意,或未按操作规程办事,由"差错"而造成的误差,如溶液溅失、加错试剂、读错或记错数据、计算错误等。过失误差不符合误差的一般规律,正常情况下不会出现过失误差,但遗憾的是,过失误差时有发生。一旦察觉到过失误差的发生,应停止正在进行的步骤,重新开始实验。

表 8.1 总结和比较了随机误差和系统误差显著的特征。

表 8.1　随机误差和系统误差显著的特征

随机误差	系统误差
由操作者、仪器和方法的不确定性造成	由操作者、仪器和方法偏差造成
不可消除但可通过仔细的操作而减小	原则上可认识且可减小(部分甚至全部)
可通过在平均值附近的分散度辨认	由平均值与真值之间的不一致程度辨认
影响精密度	影响准确度
通过精密度的大小定量(如标准偏差)	以平均值与真值之间的差值定量

随机误差可通过重复测定获得其估计值,一般用标准偏差表达,它反映了测定值的发散程度。系统误差可分为恒定的系统误差和变动性系统误差。恒定的系统误差一般是分析方法、分析过程和仪器固有的系统误差,可用理论模式或者与其他不同原理的方法作比较测定,从而估计固有系统误差的大小与方向;变动性系统误差实际上是随机化的系统误差,可按随机误差处理。

分析结果的可靠性可用准确度来衡量,准确度是测定结果与被测对象的真值接近的程度。真值是不知道的,严格地说,准确度也是不知道的,人们只能借助理论和经验进行估计。假若分析结果存在明显的、固定的系统误差,那么应该进行修正。然而,修正值本身有较大的误差,不能准确修正。最好的办法是把系统误差减小到相对随机误差而言可以忽略不计的程度,便可以用随机误差来表达分析结果的准确度。为此,在研究分析方法或在分析测定过程中必须采取减小系统误差的措施。

2. 标准物质

我国在国家计量技术规范 JJF 1005—2005《标准物质常用术语和定义》中采用 ISO(国际标准组织)导则 30:1992 中的标准物质定义,并增加了对基准标准物质的定义。

标准物质:具有一种或多种足够均匀和很好地确定了的特性,用于校准测量装置、评价测量方法或给材料赋值的一种材料或物质。

有证标准物质:附有认定证书的标准物质,其一种或多种特性量值用建立了溯源性的程序确定,使之可溯源到准确复现的表示该特性的测量单位,每一种认定的特性量值都附有给定置信水平的不确定度。

基准标准物质:具有最高计量学特性,用基准方法确定特性量值的标准物质,简称基准物质。

这些定义表明,国内的定义基本上是等同采用 ISO 的相关解释,从基本的定义上来看,国内外都比较一致,并无本质不同。

标准物质目前还没有统一的分类方法。我国标准物质按照不同的材料产品类别,大致可分为 13 大类:钢铁类、有色金属类、建材类、核材料类、高分子材料类、化工产品类、地质类、环境类、临床化学与药品类、食品类、石油煤炭类、工程技术特性类、物理学与物理化学特性测量类。如果按照标准物质是否附有证书,包括无证标准物质和有证标准物质。如果按照标准物质的形态来分类,可分为气体、固体和液体3类。

按照标准物质的基质和被分析物的匹配情况,以及化学检测实验室对标准物质的使用情况,一般可以分成以下3类标准物质:

①纯标准物质:纯的标准品,只含有痕量的其他物质,如99%以上的农药标准品。

②标准溶液:已经制备好的溶液,其中被测成分含量已知,而且溶液基质也已知,且简单,通常直接或稀释后用于校准,如1 g/L的铅标准溶液等。

③复杂基质标准物质:日常所说的实物标样,被测物存在于复杂基质中,通常和被测样品基本一致或近似,用于校准或质量控制。

具体到化学检测实验室,有证标准物质在以下3个方面有着极其重要的应用:

①建立化学测量值的传递和溯源有证标准物质的相关信息,如标准值、不确定度等,储存在该有证标准物质之中。在规定的时间、运输和储存条件下,这些信息能够通过空间和时间的转移得到传递。并且采用一个测量过程对有证标准物质进行分析,只要这个有证标准物质在性质上和被分析物相似,分析结果也符合准确度要求时,实验人员可以认为该测量过程得到的结果具备了溯源性。

②保证测量的可比性。测量结果的可比性是测量结果互认的基础。在不同实验室、不同检验方法、不同仪器设备、不同人员、不同时间的情况下,对同一样品进行测试,都能得到无显著差异的结果,是现代测量的一个重要要求。

③测量过程的评价。随着检测技术的飞速发展和检测项目的不断增多,新的测量过程(即通常所说的检验方法)被不断地开发出来。目前,国内外对新检验方法的准确度和精密度普遍采用标准物质,特别是有证标准物质。这种评价技术是最可靠,也是最方便的。

3.化学成分量的基准与计量标准

化学成分量是指任何形态下物质中的某种元素的原子或者多种元素的化合物分子的含量。用物质的量的单位或者质量单位表示。目前,化学成分量的量值范围,从超纯到超痕量跨越约10个数量级,量值的相对不确定度为0.003% ~20%。随着测量技术的发展,量值范围还将向超痕量延伸,准确度还将提高。

(1)化学成分量的基准

元素的相对原子质量是化学成分的量值基础。它的定义是:"元素的平均原子质量与核素12C原子质量的1/12之比"。也就是说,元素的相对原子质量取决于核素的组成,原子中的核子数是质子数与中子数之和。元素周期表中多数元素具有不同的核素组成,即多核元素。欲得知多核素元素的相对原子质量,需测得该元素的所有同位素的丰度。无论采用什么样的测量技术测定物质的化学成分量值,原则上采用高纯物质作基准物。1965年国际理论与应用化学联合会(IUPAC)对高纯化学试剂作了明确的规定:将化学计量纯度为(100.00±0.02)%的物质定为基准;纯度为(100.00±0.05)%的物质定为工作标准;用基准标定过的、纯度较低的物质定为二级标准。

目前,库仑滴定法是计算化学成分量基准的有效方法。通过准确测量电流、时间、物质的质量,计算物质的纯度(p)。

$$p = \frac{ItM_r}{nFm} \times 100\% \qquad (8.1)$$

式中:I、t、M_r、n、F 和 m 分别为电流大小、时间、相对分子质量、价电子数、法拉第常数和被测物质的质量。

从式(8.1)可知,库仑滴定法是基于时间、电流、质量、法拉第常数和元素的相对原子质量和被测物质的质量的高准确度的绝对方法。美国标准技术院、日本东京大学、英国帝国化学工业公司(ICI)和中国国家标准物质研究中心已采用此法准确地测定了化学成分量基准物质的纯度。

(2)化学成分量的计量标准

化学成分量的计量标准(我国称其为标准物质,是法定的计量量具)数以千计,它包括各种物质的主要、次要、痕量、超痕量元素或化合物,可按物质的类别、化学成分的性质及化学成分量值的大小区分,见表8.2。目前,化学成分量标准已涉及资源、环境、饮食与健康、社会法制、农业生产、工业生产、贸易与科学技术等方面。

表8.2　化学成分量的标准概况

物质类别	化学成分	量值范围(g/g 或 mol/mol)
岩石与矿物	元素、氧化物	$10^{-1} \sim 10^{-9}$
土壤与沉积物	元素、氧化物	$10^{-2} \sim 10^{-9}$
气	CO、CO_2、O_3、CH_4、C_3H_8、SO_2、NO_x 等	$10^{-3} \sim 10^{-9}$
水	重金属、阴离子、多氯联苯、多环芳烃、农药等	$10^{-3} \sim 10^{-9}$
植物与动物	元素、多氯联苯、多环芳烃、农药等	$10^{-3} \sim 10^{-9}$
人体组织	元素、有机化合物、酶等	$10^{-2} \sim 10^{-9}$
金属材料	元素	$1 \sim 10^{-9}$
非金属材料	元素	$1 \sim 10^{-9}$
核材料	同位素、元素	$1 \sim 10^{-7}$
化学试剂	无机化合物、有机化合物	$1 \sim 10^{-1}$
煤炭	元素	$10^{-1} \sim 10^{-6}$
化肥与农药	元素、化合物	$1 \sim 10^{-2}$
食品	元素、化合物	$10^{-1} \sim 10^{-9}$
药品	元素、化合物	$1 \sim 10^{-6}$

分析检测工作者可直接使用化学成分量计量标准校准分析仪器,评价分析方法准确度,对测量过程进行质量控制评价,或者作参比标准,保证分析检测结果的一致性和溯源性。

4.化学试剂的正确使用

(1)试剂分类

化学试剂在分析化学中有极其重要的作用,从取样、样品处理,直到进行测定都离不开化学试剂:一是化学试剂是化学分析和仪器分析的定量基础之一,在分析测试中通常均需用相应纯度的试剂配制标准,并由已知的标准计算出未知样品的含量;二是作为反应用的试剂,如滴定剂、沉淀剂和显色剂等广泛应用于质量法、容量法、比色法中,它们与被测组分发生化学反应;三是取样和样品处理过程中需要各种试剂,如稳定剂和分离用的各种试剂等。如果配制标准样品的试剂纯度不够高,可能会造成分析结果偏高。处理样品时,所用试剂中的某些杂质含量过高,会增加试剂空白,使测定结果偏高。试剂及其用量一旦被选定,那么由试剂引起的误差是一个固定的系统误差。正确地选择化学试剂是分析测试工作者的首要任务。

对试剂质量,我国有国家标准或部颁标准,规定了各级化学试剂的纯度及杂质含量。我国生产的试剂质量分为四级,表 8.3 列出了我国化学试剂的分级。

表 8.3　我国化学试剂的分级

级别	习惯等级与代号	标签颜色	附注
一级	保证试剂优级纯(GR)	绿色	纯度很高,适用于精确分析和研究工作
二级	分析试剂分析纯(AR)	红色	纯度较高,适用于一般分析及科研用
三级	化学试剂化学纯(CP)	蓝色	适用于工业分析与化学试验
四级	实验试剂(LR)	棕色	只适用于一般化学实验用

（2）纯水

纯水是分析工作中用量最大的试剂,水的纯度直接影响分析结果的可靠性。根据国家标准 GB/T 6682—2008《分析实验用水规格和试验方法》规定,分析实验室用水分为 3 个等级:一级水、二级水和三级水。

一级水用于有严格要求的分析试验,包括对悬浮颗粒有要求的实验,如高压液相色谱分析用水。一级水可用二级水经过石英设备蒸馏或离子交换混合床处理后,再经 0.2 μm 微孔滤膜过滤来制取。

二级水用于无机痕量分析等试验,如原子吸收光谱分析。二级水可用多次蒸馏或离子交换等方法制取。

三级水用于一般化学分析试验,可用蒸馏或离子交换等方法制取。各级用水在储存期间,其沾污的主要来源是容器可溶成分的溶解、空气中二氧化碳和其他杂质。

一级水不可储存,临使用前制备。二级水、三级水可适量制备,分别储存于预先经同级水清洗过的相应容器中。

（3）高纯酸

取样、样品处理以及测定过程需要各种纯酸。酸中含有各种杂质,可能引起较大的试剂空白,使痕量或超痕量组分的分析测定发生很大困难。分析工作需要根据被测组分及其含量水平精心选用高纯酸。有条件的实验室最好对用量较大的高纯酸中的关键杂质进行实际测定。不同厂家的同一规格的高纯酸的杂质含量很可能不同,就是同一厂家不同批号的产品也可能有明显的变化,这可能导致超痕量分析结果的不一致。

由试剂所引入的分析空白与试剂用量成正比。例如,在溶解样品时,酸的用量往往比样品量多数倍甚至数十倍,如用 10 g 的高纯 HNO_3 溶解或硝化 1 g 样品会引入 100 ng Cd 和 200 ng Pb。若样品中含 Cd 与 Pb 均为 0.1 μg/g,那么仅用酸溶解样品就会引入 0.1 μg/g Cd 与

$0.2~\mu g/g~Pb$。于是对 Cd 和 Pb 的测定值,引入100%与200%的相对误差。很显然,商品高纯酸满足不了超痕量分析工作的要求,应该采取合适的能除去 Cd 和 Pb 的方法,对试剂进一步纯化。

(4)纯气体

各种纯气体广泛应用于分析工作,如作色谱分析的载气,处理高纯样品、制备标准气体,提供无 O_2 或无 CO_2 的场所等。对不同情况应根据需要选用不同纯度等级的气体,如用氢离子化检测器色谱分析气体中的痕量组分时,需用99.9999%的高纯氢气作载气。这种分析方法的检出下限基本上取决于载气的纯度,目前有关气体纯度的分级和表示方法在国际和国内都尚未统一。例如,美国空气制品公司将 Ar、O_2、H_2、N_2、He 等气体纯度分为研究级、超纯载气级、零级、超高纯级和高纯级等;北京氧气厂则将其产品分为普通气体和高纯气体。高纯气体是指5个9的纯气体,如99.999%的 Ar、99.999%的 N_2,这里主要是指 O_2 和 H_2O 的含量总计不超过10 $\mu mol/mol$。高纯气体在储存和使用过程中极易受到 O_2、H_2O、微粒等沾污,对99.9999%的高纯 N_2,其中水分含量应小于 10^{-6}。但是,如果储存瓶预干燥不彻底,其中水分含量可能会高达几十甚至上百 10^{-6} 级。钢瓶气体在使用过程中需要流经压力调节阀、传输管道等。如果调节阀和管道材料选择或清洗不当,容易引起严重的沾污。气体在储存和使用过程中由于气瓶和系统不严密,周围空气可能渗入系统,也会引起沾污。使用高纯气体应注意选用合适的压力调节阀和传输管道,严格清洗气体传输系统的各组成部分,限定气瓶的最低使用压力,经常检验气瓶和传输系统的密闭性等问题,才能保证纯气不受沾污,或可将沾污减少到最低限度。

5. 器皿

处理样品、配制及储存标准溶液需要使用各种器皿,如坩埚、烧杯、各种瓶子、过滤器等。如果器皿选用得不合适,可能引起被测组分的吸附损失或者沾污。例如,玻璃器皿中的杂质含量为0.05% ~0.5%,若分析痕量级的元素时用玻璃器皿处理样品,便会引起严重的沾污,使分析结果偏高。一般而言,聚乙烯材料是纯净的,适用于痕量分析技术。但聚乙烯中含有 10^{-6} 级的 Cr 和 Zn 的杂质;储存 CrO_4^{2-} 在聚乙烯瓶中时会发生严重的吸附损失,但在硼硅玻璃瓶中吸附损失就不明显。分析工作者应根据被测样品的性质及被测组分的含量水平,从器皿材料的化学组成和表面吸附、渗透性等方面去选用合适的器皿,并结合适当的清洗过程,才能保证分析结果的可靠性。

分析化学中常用的器皿材料是硼硅玻璃、石英、聚乙烯、特氟隆、铂金等。它们对痕量分析工作的适应性通常认为的顺序为:特氟隆>聚乙烯>透明石英>铂金>硼硅玻璃,特氟隆的性能最好。随着痕量分析技术的发展,人们对器皿材料中的痕量杂质产生了兴趣。

有关的文献指出器皿材料具有耐腐蚀、耐热等性质,其中铂金是耐腐蚀、耐高温的最好材料,但其价格昂贵,且以金属污染源而论并不比石英、聚乙烯、特氟隆等优越,对痕量分析不推荐使用铂金器皿。而用特氟隆、聚乙烯、石英和玻璃等材料作器皿时,其特性如下:

特氟隆:国外已广泛使用特氟隆瓶储存超纯酸,用 Teflon-FEP 烧杯溶样可加热至150 ~200 ℃,Teflon-TFE 可耐温到250 ℃。特氟隆(Teflon)可细分为 Teflon-PFA、Teflon-FEP 和 Teflon-TFE,其中 Teflon-FEP 使用较为广泛。但特氟隆不易成型,制作器皿需采用模具,在成型过程中可能引入 Zn、Al、Cu、Mn、Fe、Ni 等金属的沾污。而四氟乙烯与乙烯的共聚物称为特氟塞尔(Tefzel),它易成型,可避免模具的金属沾污。

聚乙烯:聚乙烯瓶、聚乙烯杯和聚乙烯管已广泛用于制备高纯物质和痕量分析工作中,在150~250 ℃下用高压、无催化程序生产的聚乙烯称为常规聚乙烯(CPE)。而用过渡金属氧化物作催化剂则可以制成高密度线型聚乙烯(LPE)。研究发现,线型聚乙烯中的 Al、Cr、Co、Zn、Ti 的杂质含量比常规聚乙烯中的高,对于聚乙烯瓶料的分析结果而言,常规聚乙烯比线型聚乙烯更纯。

石英:石英器皿早已广泛用于制备高纯物质及痕量分析工作。石英材料有天然石英和合成透明石英两种。天然石英可分为半透明石英和透明石英,透明石英纯度较高。合成透明石英是由四氯化硅气相水解物制成的,含有大约 $50 \mu g/g$ 的氯和 0.1% 的氢氧化物。为了消除氢氧化物,可以通过氧化 $SiCl_4$ 和电解熔融法制备合成透明石英,可是氯的含量增加了几百微克每克。由于有些元素会在火焰中挥发,所以火焰熔融法制成的石英纯度要高于电解熔融法。大多数中性和酸性化学药品在石英坩埚中灼烧可以达到 1 000 ℃高温,但碱金属的氢氧化物及碳酸盐在高温下会腐蚀透明石英。

硼硅玻璃:各种玻璃仪器在化学分析中使用得较广泛。玻璃的耐热性、抗酸性、抗碱性、抗水性等由它的化学组成决定。玻璃的主要组成是 SiO_2、Al_2O_3、B_2O_3、Na_2O、K_2O、CaO、MgO、BaO、Fe_2O_3 等。一般认为,除高硅氧玻璃外,玻璃中的 Fe、Cl^-、SO_4^{2-}、Sb 的杂质含量为 0.05% ~ 0.5%。碱会侵蚀 SiO_2 骨架并逐渐溶解玻璃,酸以 H^+ 交换玻璃中的碱金属而沥出玻璃,碱对玻璃的腐蚀性要比酸大几个数量级。

任务二　实验室内质量控制技术

实验室质量控制技术是指为将分析测试结果的误差控制在允许限度内所采取的控制措施。实验室质量控制技术可分为实验室内质量控制技术和实验室外质量控制技术两大类。

实验室内质量控制主要技术方法有采用标准物质进行核查、实验室内部比对、留样再测、回收实验、空白实验、平行样分析、校准曲线核查等。它是实验室分析人员对测试过程进行自我控制的过程。它能反映分析质量稳定性状况,能及时发现分析中的随机误差和新出现的系统误差,随时采取相应的校正措施。执行者为实验室自身的工作人员,不涉及室外的其他人。

一、采用标准物质监控

在日常分析检测过程中,实验室可以使用有证标准物质和次级标准物质进行结果核查,以判断标准物质的检验结果与证书上的给出值是否符合,从而保证检测数据的可靠性和可比性。

通常的做法是实验室直接用合适的标准物质作为监控样品,定期或不定期将标准物质以比对样或密码样的形式,与样品检测相同的流程和方法同时进行,检测室完成后上报检测结果给相关质量控制人员,也可由检测人员自行安排在样品检测时同时插入标准物质,验证检测结果的准确性。

用标准样品定量分析的结果与已知的含量相比较来评价定量分析结果的准确度。此时标准样品的已知含量可作为真值,标准样品的定量分析结果是测量值,由此计算出的绝对误差和相对误差可用来评价该定量分析结果的准确度。将检测结果与标准值进行比对,如结果差异过大,应由检测室查找原因,进行复测。若复测结果仍不合格,应对检测过程进行检查,查到原因后立即进行纠正,必要时同批样品复测。

1. 标准物质使用原则

简单基质的有证标准物质主要用于测量器具的校准,最常见的是将固体标准品配成溶液,稀释成标准工作溶液,或者直接将购入标准溶液配成标准工作溶液使用。

对实物标样的使用一般要遵循以下原则:

①标准物质的基体组成应与被测样品的基体相同或近似,这样可以有效地消除由基体组织和干扰元素引入的系统误差。

②标准物质的浓度水平应与被测样品浓度相近。若用于评价分析方法时,应选择尝试水平接近分析方法测量的上限或者下限的标准物质。

③标准物质的准确度应比被测样品预期的准确度高。实验室要根据使用目的和不确定度水平的要求采用不同级别的标准物质。通常为了评定日常分析操作的测量不确定度,可选用二级标准物质。这样既可以降低成本,又可以满足要求。

④超过有效期或经过验证性质已发生变化的标准物质应不得使用,可以重新评价后降级使用。

2. 标准物质的管理

根据 ISO/IEC 17025《检测和校准实验室能力的通用要求》中的关于标准物质的规定:如实验室需有参考标准的校准计划和程序;须有参考标准和标准物质的安全处置、运输、储存和使用程序,以防止污染或损坏,并保护其完整性等。具体的实物标样的管理要求如下:

(1)购买

应明确实验室需求。一般根据实验室需要,从以下几个方面来确认:①被分析物及其含量;②基质;③不确定度要求;④样品量及取用量;⑤保存及使用时间;⑥标准物质生产单位或批准部门;⑦价格等。

(2)验收

标准物质到货后,应进行验收工作。验收的内容包括数量、质量是否与购买要求一致;包装、标志是否完好;有无证书;证书信息是否与标准物质包装标志一致;有效期是否符合要求等。验收完成后,需要按证书上所述保存条件进行保存。

(3)标准物质的使用与保存

应建立标准物质的数据库,数据库项目包括名称、规格、标准值、不确定度、证书号(或标准号)、生产单位、有效期、数量等。标准物质需要有专门的存放地点,明确标志,并有专人负责保管。应根据证书或说明书上的存放要求进行保存,标准物质一旦超过有效期必须立即清理,并予以适当标记,不得继续使用。

标准物质的使用需要有相关记录,领用人和每次消耗的数量均要明确,使用后立即归还保存。

标准物质使用时,需要严格按照证书上描述的过程进行使用。例如,某些生物样品,需要在使用前烘去水分;一般需要称量的标准物质都会规定一个最小称样量,以保证取用样品的均匀性。标准物质如果用完,最好保存包装,以备追查。

（4）标准物质的期间核查

期间核查是指在相邻的两次校准期间内进行的核查，验证标准物质是否处于校准状态，确保分析结果的质量。由于标准物质提供了溯源信息，所以标准物质是否受控是实验室出具数据质量保证的首要条件。实验室应根据规定的程序对参考标准和标准物质进行期间核查，以保持其校准状态的置信度。

标准物质在实验室中使用，必须进行期间核查，这是实验室认可的要求，更是实验室质量保证的要求。期间核查的方法目前并没有统一的做法和规定。一般的做法有保存条件、保质期的检查，不同来源标准物质的比对等。

（5）标准物质的过期和失效处理

标准物质一般都有规定使用有效期，一般有效期为一年或更长。有的标准物质保存期较长，但开封后保存期就会变短，在使用中需要注意。标准物质过期后，不可再按标准物质使用，可直接废弃或重新评估。也有可能在使用中，由于使用和保存不当，造成标准物质失效。经过确认，失效的标准物质不能再用于检验工作中。

过期或者失效的标准物质可以进行重新评估。评估合格后，可降级作为室内标准物质使用。无论是废弃还是降级，均需做好记录。

二、实验室内部比对

实验室内部比对是按预先规定的条件，在实验室内部设置两个或两个以上的实验组，对相同或类似的被测物品进行检测的组织、实施和评价。实验室内部比对是化学检测实验室最重要的质量控制手段之一，它主要用于评价实验室检测质量的精密度，反映分析质量稳定性状况等，以达到检查、考核各项检测能力、检测人员的技能、检测仪器的性能、检测方法的适用性以及控制内部检测工作质量等，有利于及时发现实验室潜在的问题，使实验室有针对性地采取纠正措施或预防措施，避免或减少不符合实际工作情况的发生。

1.实验室内部比对的特点

（1）简单灵活

实验室内部比对试验，是在实验室内部自行组织实施的，组织者和执行者均为实验室内部的工作人员。比对活动的开展一般是按实验室质量控制计划定期进行，可以根据实验室的实际工作情况进行适当的调整，具有一定的灵活性。如在出现突发质量事件、发现检测数据异常、对某项检测结果产生怀疑时、人员岗位变动时等都可以临时组织相关的比对试验，进行问题的排查，操作相对简单。

（2）形式多样

在实验室日常工作中，影响实验室检测分析结果准确性的因素很多，包括人员、设施和环境条件、检测和校准方法及方法的确认、设备、测量的溯源性、抽样、检测和校准物品的处置等。通常可针对这些影响因素的不同，开展不同形式的实验室内部比对，如人员比对、仪器比对、方法比对等。

（3）应用广泛

实验室内部比对操作简单灵活，形式多样，成本低廉，可以发现和解决检测中的系统误差和随机误差，对实验室具有重要的作用。实验室内部比对试验广泛应用于检测实验室质量控制活动中。

（4）不足之处

实验室内部比对不易判断检测结果是否存在系统误差。例如，实验室本身的检测方法或仪器状态有问题，可能无法在实验室内部比对中体现，即使比对结果为满意，其测定值也未必一定为正确值。另外，实验室内部比对结果不像实验室间比对和能力验证的结果那样被社会认可，具有一定的局限性，主要用于实验室内部质量稳定性状况分析和自查自纠。

2. 实验室内部比对的形式

比对试验主要是研究所选定比较的因素对检测质量的影响，比对的形式主要根据相比较的试验因素来决定。

（1）人员比对

人员比对是指不同检测人员对同一样品，使用同一方法、仪器进行试验，比较测定结果的符合程度，判定人员操作水平的可比性。人员比对的考核对象为检测人员，主要目的为评价不同检测人员的技术素质差异、检验操作的差异和存在的问题。所选择的比对项目建议是手工操作步骤比较多的检测项目，这样更容易从人员比对中发现检验操作的差异。在 ISO/IEC 17025 标准"技术要素"中将人员归结为决定实验室检测的正确性和可靠性的第一个因素，对检测实验室的人员从技术能力、经验、教育培训等提出了严格的要求。实验室应根据需要定期开展人员比对试验。

（2）方法比对

方法比对是不同分析方法之间的比较试验，是指同一检测人员对同一样品采用不同的检测方法，检测同一项目，比较测定结果的符合程度，判定其可比性，以验证方法的可靠性。

方法比对的考核对象为检测方法，主要目的为评价不同检测方法的检测结果是否存在显著性差异。所选的比对项目应该是实验室获得能力认可的检测项目，并以该项目认可的检测方法作为参考方法。方法比对强调的是不同检测方法的比较，而整体的检测方法一般包括样品前处理方法和仪器方法，只要前处理方法不同，不管仪器方法是否相同，都归类为方法比对。但是，如果不同的检测方法中样品的前处理方法相同（如果步骤差异只是最终样品溶液因浓度原因的稀释，可视为具有相同的前处理），仅是检测仪器设备不同，一般将其归类为仪器比对。实验室应根据需要定期开展方法比对试验。

（3）仪器比对

仪器比对是指同一检测人员运用不同仪器设备（包括仪器种类相同或不同等），对相同的样品，使用相同检测方法进行检测，比较测定结果的符合程度，判定仪器性能的可比性。仪器比对的考核对象为检测仪器，主要目的为评价不同检测仪器间的性能差异（如灵敏度、精密度、抗干扰能力等）、测定结果的符合程度和存在的问题。所选择的检测项目和检测方法应该能够适合和充分体现参加比对的仪器的性能。根据仪器比对的要求"使用相同的检测方法"，即至少应该使用相同的样品前处理方法同时处理样品，或是将经过同一前处理后的一个试样溶液分装于不同的仪器中进行检测，这样的检测结果更具有可比性，更能反映出不同仪器的性能。如果是采用不同的前处理方法处理样品，前处理方法之间可能会存在差异（差异在允许偏差范围内），而仪器之间也可能存在允许范围内的偏差，这两种偏差有可能会叠加，导致差异进一步放大，从而影响比对试验的最终评价结果，建议将这种情况的比对归为方法比对。

实验室应根据需要定期开展仪器比对试验,并且在工作中,应该根据实际检测项目和检测要求,选择合适的仪器和适用的方式进行仪器比对。

三、留样再测

留样再测是指在不同的时间(在合理的时间间隔内),再次对同一样品进行检测,通过比较前后两次测定结果的一致性来判断检验过程是否存在问题,验证检验数据的可靠性和稳定性。若两次检测结果符合评价要求,则说明实验室该项目的检测能力持续有效;若不符合,应分析原因,采取纠正措施,必要时追溯前期的检测结果。

留样再测不同于平行试验,两者之间的差异比较见表8.4。

表8.4 留样再测与平行试验的比较

实验因素	留样再测	平行试验
试验时间	不同	相同
检测人员	相同或不同	相同
检测方法	相同	相同
检测条件	不同(但应尽量追溯到前次检测过程的条件)	相同
试验性质	再现性试验	重复性试验

通过表8.4可知,留样再测的试验条件不确定因素比平行试验的多,检测结果之间的允许偏差范围应该比平行试验的大,一般是根据两次测试的扩展不确定度或标准方法规定的再现性限来对试验结果进行统计分析和评价,但是,在没有正确评价或获得测试不确定度或再现性限时,可以参考平行试验的允许差进行评价,即要求两次检测结果的绝对差值不大于平行试验的允许差。

留样再测应注意所用样品的性能指标的稳定性,即应有充分的数据显示或经专家评估,表明留存的样品赋值稳定。所选的样品应该含有一定的数值,如果样品检测结果小于测定下限,留样再测意义不大;对一些易挥发、易氧化等目标物性质不稳定的检测项目或易变质难留存的样品,不适宜用于留样再测。

虽然留样再测是再次测试同一样品,试验时间不同,但具有一定的延续性,更利于监控该项目检测结果的持续稳定性及观察其发展趋势。通过留样再测,可以促使检验人员认真对待每一次检验工作,从而提高自身素质和技术水平。不过,留样再测只能对检测结果的重复性进行控制,不能判断检测结果是否存在系统误差。实验室应根据需要,选择适当的频次开展留样再测,并按照全覆盖、按比例、选重点的原则,根据样品量和检验、人员情况安排留样再测。

四、回收率试验

回收率试验也称"加标回收率试验",一般是将已知质量或浓度的被测物质添加到被测样品中作为测定对象,用给定的方法进行测定,所得的结果与已知质量或浓度进行比较,计算被测物质分析结果增量占添加的已知量的百分比等一系列操作。该计算的百分比即称该方法对该物质的"加标回收率",简称"回收率"。加标回收率试验是化学分析中常用的实验方法,也是化学检测实验室最重要的质量控制手段之一。回收率是评价化学分析方法准确度的量化指标,可反映分析方法的系统误差。

1. 回收率试验的作用

(1)评价方法的准确度

方法的准确度是指测量值和真值之间的符合程度,是评价方法的重要指标之一。只有方法有较好的精密度,且消除了系统误差后,才有较好的准确度。通常,回收率越接近100%,表明该方法定量分析结果的准确度越高。这种方法特别适合微量成分和痕量成分的化学分析,是目前用于评估定量检测方法准确度使用较为广泛的方法。

(2)评价方法的精密度

方法的精密度是指用一特定的分析程序在受控条件下重复分析同一均匀的样品所得测定值的一致程度。它反映分析方法或测量系统所存在随机误差的大小。在同一实验室内,极差、平均偏差、相对平均偏差、标准偏差和相对标准偏差都可以用来表示精密度大小,较常用的是相对标准偏差。

(3)监控实验室的检测能力

化学分析中,寻找有参考值的样品较为困难,即使存在某些类型的标准物质,也常常因为样品数量不多,价格昂贵,使得在日常样品分析检测中难以使用。而回收率试验正是为了解决这一难题提出的。该方法具有操作简单、成本低廉等优点,在化学检测实验室质量控制中广泛使用。这是目前化学试验,特别是低含量化学物质分析,如杂质分析、禁用化学物质分析中较常用而又简便的方法。

回收率试验方法简便,能综合反映多种因素引起的误差,常用来判断某分析方法是否适合于特定试样的测定。回收率过低,表明样品前处理可能存在损失或检测结果偏低;回收率过高,表明样品前处理可能存在污染或检测结果偏高,其中,一种常见的偏高是存在较大的干扰。

总之,用测定回收率的方法来反映分析操作水平时,特别需要注意选择合适的分析方法;准确把握所使用的试剂量;尽量减小测量误差;消除或校正系统误差;适当增加平行测定次数,取平均值;杜绝过失误差等都能有效减小误差,提高分析结果的准确度。

2. 回收率试验的种类

(1)根据加标样的不同

回收率试验可分为空白样品加标回收和待测样品加标回收两种。

①空白样品加标回收:在没有被测物质的空白样品基质中定量加入标准物质,按样品的处理步骤分析,得到的结果与理论值的比值即为空白加标回收率。

②待测样品加标回收:相同的样品取两份,其中一份加入定量的待测成分的标准物质,两份同时按相同的步骤分析,加标的一份所得的结果减去未加标一份所得的结果,其测定结果差值与加入标准物质的实际值之比即为待测样品加标回收率。

(2)根据加标方式的不同分类

根据加标方式的不同,回收率试验可分为全程加标回收和部分过程加标回收两种。

①全程加标回收：通常是指从样品测试最初始的步骤就添加标准物质的回收率试验。在化学分析时，通常是在前处理过程中称样步骤进行添加，且添加后所有步骤与未知样品完全一致。即向待测样品中加入待测组分的标准物质，与另外一份待测样品一起消解或其他前处理，获得样品溶液，然后测定待测组分的含量，确定样品的回收效果。

②部分过程加标回收：是指在分析后的某个中间步骤添加标准物质的回收率试验。如在样品前处理后溶液添加，即向处理好的样品溶液中加入待测组分的标准溶液，然后通过待测组分的测定值来看样品溶液中待测元素的回收效果。部分过程加标回收结果只能反映添加步骤后的相关过程对测定结果的影响，而无法考察之前相关步骤对测定结果的影响。

以上两种加标方式各有用途，全程加标回收可以用来检验整个分析过程是否存在问题；而部分过程加标回收可以用来检验样品经处理转变成溶液后基体对分析结果是否存在影响。结合两种方式可以判断在进行样品处理时是否会造成分析组分的损失或带来分析组分的沾污。

（3）回收率试验方法的特点

相对其他质量控制方法，加标回收率试验方法具有以下特点：

①操作简便。加标回收率试验操作较为简便，除了增加加标的步骤外，其他步骤与常规样品测试完全一致。加标回收率试验及加标方式可根据不同项目、不同分析方法和不同的需要灵活掌握，不同加标方式的回收率的计算有所差异，但计算并不复杂。

②成本低廉。采用加标回收率试验进行质量控制的主要成本在于对标准物质的消耗。通常加标回收率试验主要用于低含量物质检测的化学分析，标准物质添加量比较少，对标准物质消耗不大，成本较低。实验室通常的做法是采购高纯度的物质或高浓度的标准溶液经过稀释配制成一定含量值，供加标试验使用。

③应用广泛。加标回收率试验操作较为简便，成本低廉，在化学分析中有十分广泛的使用。该方法几乎适用于所有化学检测项目，也适用于各类检测仪器和检测方法。随着人们对各类材料低含量物质检测需要的不断增加，该种方法的应用将更为广泛。

④不足之处。加标回收率试验方法的主要缺点是某些情况下，其结果可靠性不够充分，此外，加入标准物质的形态、性质与试样中待测物质未必完全一致；难以考察检测方法背景问题和谱线的重叠干扰问题；添加的标准物质与待测样品中的待测组分含量应为相当水平等问题，对待测样品、加标量等有一定的限制。

五、空白试验

空白测试又称空白试验，是在不加待测样品（特殊情况下可采用不含待测组分，但有与样品基本一致基体的空白样品代替）的情况下，用与测定待测样品相同的方法、步骤进行定量分析，获得分析结果的过程。空白试验测得的结果称为"空白试验值"，简称"空白值"。空白值一般反映测试系统的本底，可从样品的分析结果中扣除。空白的来源，在分析过程中，所用试剂和实验用水的纯度、器皿的清洁度、分析仪器的灵敏度和精密度、仪器的使用情况、实验室内环境的清洁状况及分析人员的经验和水平，均会影响空白试验值，如实验用水、溶剂和试剂的纯度、分析器皿的组分及清洁状况、实验室环境的清洁状况、设备及仪器污染等。

空白测试的作用主要有：①校正误差，空白试验可以校正由试剂、蒸馏水、实验器皿和环境带入的杂质所引起的误差。②监控空白值,空白试验在分析过程中很重要,空白值的大小可以监控整个分析过程中试剂、环境对分析数据的影响程度。空白试验值低,数据离散程度小,分析结果的精度随之提高。当空白试验值偏高时,应全面检查试验用水、试剂、量器和容器的沾污情况、测量仪器的性能及试验环境的状态等,以便尽可能地降低空白试验值。③测定方法检出限,化学分析日常检测工作中,通过对多个测试方法全程空白测试的结果,计算其3倍标准偏差,可以得到该测试方法检出限。

空白测试的种类很多,有以下不同的分类方法:

①按试验时是否采用样品,可分为样品空白和试剂空白。试剂空白是指不使用任何待测样品,随同试样分析步骤的空白样品测定获得的空白。它是由测试试剂、容器、环境本身而带来的测试结果的微小的正误差。样品空白是指对不含待测物质的样品,用与实际样品同样的操作步骤进行的试验所获得的空白。

②按空白值来源不同,可分为试剂空白、容器空白、环境空白等。由试剂杂质引入的空白称为试剂空白。由容器,包括过滤漏斗、滤纸等杂质引入的空白称为容器空白。由实验室灰尘、空气等杂质引入的空白称为环境空白。事实上,日常检测中,环境空白相对较小,严格意义上的试剂空白很难测定,通常的试剂空白是上述3种空白的总和。

③按空白用途分,可分为标准空白和分析空白。标准空白也称为"校准空白",是指配标准溶液(标准系列溶液)时"零"浓度的空白,或不添加标准物质的空白。分析空白是指用于分析检测,如校正本底用的空白。

④按空白溶液是否经历样品分析全过程步骤分,可分为全程空白和部分过程空白。全程空白的空白溶液是经历样品分析全过程步骤获得的。没有经历样品分析全过程步骤获得的空白则为部分过程空白。部分过程空白在分析空白来源时经常要采用。

六、平行样测试

重复测试即重复性试验,在日常工作中也常称为平行样测试,是指在重复性条件下进行的两次或多次测试。重复性条件是指在同一实验室,由同一操作员使用相同的设备,按相同的测试方法,在短时间内对同一被测对象相互独立进行的测试条件。

通过平行样测试,可以衡量实验室内部测试方法的重复性条件精密度。测试方法的精密度是指在规定条件下,独立测试结果间的一致程度。对不同规定条件,相应的精密度结果不同。分析检测行业中,通常使用两个不同的规定条件来对方法的精密度进行评估,即重复性条件和再现性条件。再现性条件是指在不同的实验室,由不同的操作人员使用不同的设备,按相同的测试方法,对同一被测对象相互独立进行的测试条件。平行样测试结果所能反映的,属于重复性条件下的精密度。

通过比较平行样测试结果间的差异,将其与规定值或质量控制相关要求进行比较,则可判断该批次测试的精密度是否符合要求,或者可以判断检测水平是否处于稳定和受控制状态下。平行样测试频率的一般要求,至少每制备一批样品或每个基体类型或每10%~20%,样品个数少于10个时应适当增加平行样测试率。

1.平行样测试的作用

（1）减少测量结果的随机误差

平行样测试是在重复性条件下进行的测试。每组测试样采用的测试方法、测试试剂和设备，包括测试时的环境条件都几乎一致，而测试人员也是同一人，平行样测试不能降低测量的系统误差，但能减少随机误差（偶然误差）。通过对平行样结果的统计处理，如取平均值，理论上可以部分消除随机变异，从而得到更为精确的测试结果。通常平行测试次数越多，减少随机误差越明显。

（2）评估测试方法的重复性条件精密度

通过平行样测试获得多次独立测试的平行样测试结果，经统计分析计算其相对标准偏差，相对标准偏差大小反映了测试方法的精密度。

2.平行样测试分类

（1）按平行样测试涵盖整个测试过程的范围分类

按平行样测试涵盖整个测试过程的范围大小不同，样品的平行样测试可分为全程平行样测试和部分过程平行样测试。

1）全程平行样测试

从样品的抽样或采样开始，一直到最终报告测试结果，整个测试过程均按相同的方法和步骤进行的平行样测试，即为全程平行样测试。该平行样测试所获得的重复性，其大小真实地反映了整个测试过程的随机变异。

2）部分过程平行样测试

①不含取样，但包括样品前处理的平行样测试。对材质均匀，可通过简单采样过程获得的样品，或者样品的采样相对后续的检测过程对测试结果影响较小的情况，可以在样品检测前，再对样品进行拆分，形成子样后进行平行样检测。

②仅在设备检测过程的平行样检测。对某些检测，其样品的测定阶段对测试结果的精密度影响较大时，该检测往往会增加采用这样的平行样测试方式。当分析痕量物质时，或者是分析设备的稳定性较差时，或者是设备的分析过程容易受到干扰时，可以采用这样的平行样测试方式。

（2）按平行样中是否添加待测物质分类

按平行样中是否添加待测物质，平行样测试可分为不加标平行样测试和加标平行样测试两种方式。

1）不加标平行样测试

不加标平行样测试是指样品没有加标，直接取两个或多个子样作为平行样进行测试。当样品中含有一定水平的待测物质时，可以考虑采用这种方式。未作特殊说明，通常所说的平行样测试均是不加标平行样测试。

2）加标平行样测试

加标平行样测试是指在两个或多个子样品中加标，然后作为平行样进行测试。在日常分析过程中，同批次样品中不含有或者仅含有极少量的待测物质时，测试结果为未检出的平行样，无法计算测试方法的精密度，需采用加标平行样测试。

3.减小平行样结果差异的方法

影响平行样结果差异的因素有很多,主要包括样品的均匀性、时间间隔、人员的能力或受培训程度、仪器的稳定性、测试方法本身、试剂影响、环境影响等。

(1)样品的均匀性

用于平行样测试的样品,如样品本身不均匀,通常会增大平行样结果差异。进行平行样测试,应尽可能采用足够均匀的样品进行测试。为了减少平行样结果差异,平行样测试的样品在用于测试前,最好将物料进行专门的匀质化处理,或是适当增大取样量,以获得更有代表性的样品。

(2)平行样间的分析间隔

某些物质的含量或性质会随着时间而改变,此时随着平行样间的分析间隔增加,可能会增大平行样结果的差异。同时,测量仪器可能随时间变化发生波动,平行样测试时,最好能规定并尽量减少平行样间的测量时间间隔。例如,测试皮革中的六价铬含量,样品溶液在显色后要求在 10~20 min 内完成分析,否则平行样结果间的差异可能增加。

(3)检测设备或仪器的稳定性

检测设备的稳定性高低,会对平行样的测试结果精密度产生直接的影响。当检测设备使用的年限较长而老化,导致其短期稳定性下降的,即使平行样测试是在短暂的时间间隔内完成,检测设备的仪器状态或性能,仍然有可能出现波动,从而导致测试结果的精密度增大。在检测实验室内,制订合适频率的定期的仪器设备性能检查计划,有助于测试人员了解仪器设备的状态和测试工作的开展,确保检测设备或仪器的稳定性满足要求,可减小偶然误差,从而减少平行样结果差异。

(4)测试方法的精密度

不同精密度的测试方法,平行样结果差异不同,通过选取精密度更小的方法可减少平行样的结果差异。描述测量方法的文件应该是明确的和完整的,所有涉及该程序的环境、试剂、设备以及测试样本的准备的重要操作都应该包括在测试方法中,这些方法尽可能地参考其他的对操作人员有用的书面说明,并精确说明测试结果和计算方法以及应该报告的有效数字位数。任何不清晰的表达,将可能带来测试人员理解上的不同,从而引入偶然误差,可能影响平行样结果的精密度。

(5)测试人员的技术水平、试剂和环境的变化

测试人员的技术水平和受培训程度高低,会对测试结果带来一定的偶然误差。作为检测实验室,应制订详细的培训和考核标准,以提升人员的技术水平和操作稳定性。平行样测试中所使用的试剂,如果试剂是同批次的且已验收合格的,则其带来的变异因素应该是可控范围内的。检测实验室应制订相应的试剂验收程序和供应商评估程序,以确保试剂的品质合格和稳定。

平行样测试过程中,实验室的温湿度条件或其他的环境条件,将可能通过影响测试设备、测试人员等因素间接影响测试结果的精密度,也可能直接对测试结果精密度造成影响。例如,温湿度条件可能会影响光谱类化学分析设备的稳定性,从而间接影响测试结果的精密度;通风橱上的尘埃,如不及时清理,可能在某些元素的痕量检测过程中,带来污染,从而影响平行样测试结果的精密度。

任务三 实验室外质量控制技术

实验室间质量控制,也称实验室外部质量控制,主要技术方法有参加能力验证、测量审核以及其他实验室间的比对等方式。它是发现和消除一些实验室内部不易核对的误差,特别是存在的系统误差的重要措施。一般由熟练掌握分析方法和质量控制程序的实验室或专业机构承担。

一、参加能力验证

能力验证是利用实验室间比对,按照预先确定的准则来评价参加者能力的活动。对于实验室而言,参加能力验证活动,是衡量与其他实验室的检测结果一致性,识别自身所存在的问题最重要的技术手段之一,也是实验室最有效的外部质量控制方法。能力验证通常由相关行业权威专业机构(即能力验证提供者)组织,其评价结果可靠性较高,参加实验室较多。对化学检测能力验证,通常的做法是组织机构将性能良好、均匀、稳定的样品分发给所有参加实验室,各实验室采用合适的分析方法或统一的方法对样品进行测定,并把测定结果反馈给组织机构,由组织机构负责对这些测定结果进行统计评价,然后将结果和报告通知各实验室。实验室通过参加能力验证计划,可检查各实验室间是否存在系统误差,及时发现、识别检测差异和问题,从而有效地改善检测质量,促进实验室能力的提高。

1. 能力验证与实验室间比对

实验室间比对是按照预先规定的条件,由两个或多个实验室对相同或类似的物品进行测量或检测的组织、实施和评价。在实验室活动中,实验室间比对应用十分广泛。目前,实验室间比对的主要目的如下:

①评定实验室从事特定检测或测量的能力及持续监视实验室的能力。

②识别实验室存在的问题并启动改进措施,这些问题可能与诸如不适当的检测或测量程序、人员培训和监督的有效性、设备校准等因素有关。

③建立检测或测量方法的有效性和可比性。

④增强实验室客户的信心。

⑤识别实验室间的差异。

⑥根据比对的结果,帮助参加实验室提高能力。

⑦确认测量的不确定度。

⑧评估某种方法的性能特征通常称为协作试验。

⑨用于标准物质/标准样品的赋值及评定其在特定检测或测量程序中使用的适用性。

上述目的中,通常前7项都是能力验证可达到的目的,而后两项则通常不作为能力验证的目的。参加这些实验室间比对的实验室通常不是一般的实验室,而应该是其检测能力符合一定条件并具备一定能力水平的实验室,即这类比对目的不是为了评价实验室的能力,而是选定一些能力已被设定的实验室进行比对,依据比对结果获得一些样品或者方法的参数。可以认为,能力验证是以评价实验室能力为目的的实验室间比对。

2. 能力验证计划的类型

能力验证计划种类很多,有不同的分类方法。

(1)按结果的类型来分

根据能力验证计划中评价参加实验室能力所依据的结果的类型不同,能力验证计划有3种基本类型:定量能力验证计划、定性能力验证计划以及解释性能力验证计划。

①定量能力验证计划。该类计划是确定能力验证物品的一个或多个被测量的量。在该类能力验证计划中,评价参加实验室能力所依据的结果是属于定量测量的结果,即其测量结果是数值型的,并用定距或比例尺度表示。在定量能力验证计划中,对数值结果通常进行统计分析。化学检测对特定元素或物质含量分析均属于该类计划。

②定性能力验证计划。该类计划是对能力验证物品的一个或多个特性进行鉴别或描述。评价参加实验室能力所依据的结果不是数值型的,而是描述性的,并以分类或顺序尺度表示,如微生物的鉴定,或识别存在某种特定的被测量(如某种药物或某种特性等级)。用统计分析评定能力可能不适用于定性检测,如化学检测中鉴别塑料的类型。

③解释性能力验证计划。评价参加实验室能力所依据的结果不是数值型的,而是描述性的,但与定性能力验证计划不同,其结果无法用分类或顺序尺度表示,通常需要一段文字说明来表示,该类计划的"能力验证物品"通常可以不是实物,而是与参加者能力的解释性特征相关的一个检测结果(如描述性的形态学说明)、一套数据(如确定校准曲线)或其他一组信息(如案例研究)等。

(2)按样品设计来分

根据能力验证计划中能力验证物品设计的不同,能力验证计划可分为独立样品计划、分割水平设计计划、分割样品检测计划(通常用于测量审核)。

①独立样品计划。该类计划中,能力验证物品只有一个或者若干,但各样品相互独立,结果单独统计分析和评价。

②分割水平设计计划。通常两个能力验证物品具有类似(但不相同)水平的被测量。该设计用于评估参加者在某个特定的被测量水平下的精密度,它避免了用同一能力验证物品作重复测量,或者在同一轮能力验证中使用两个完全相同的能力验证物品带来的问题。

③分割样品检测计划。某种产品或材料的样品被分成两份或多份,每个参加者检测其中的一份。通常用于少量参加者(通常只有两个参加者)数据的比较。通常该类计划中,其中的一个参加者使用了参考方法和更先进的设备等,或通过参加承认的实验室间比对计划获得满意结果而证实了其自身的能力,可认为其测量具有较高的计量水平(即较小的测量不确定度)。该参加者的结果可用作该类比对的指定值,其他参加者的结果与之比对。

3. 能力验证计划的选择原则

除了少数能力验证计划是管理机构要求必须参加的,大多数情况下,是实验室自己根据需要自愿选择参加。所选能力验证计划优先选择获得认可机构认可的能力验证提供者或者认可机构或权威机构组织的能力验证计划,通常这些机构组织的能力验证计划组织更有保证,结果更可靠,更容易被承认。选择能力验证计划时,应考虑以下因素:

①涉及的检测应与参加者所开展的检测类型相匹配,包括检测样品、检测标准方法、检测仪器等。

②利益相关方对计划设计的细节、确定指定值的程序、给参加者的指导书、数据统计处理以及最终总结报告的可获得性。

③能力验证计划运作的频次。对日常检测业务量较大,检测风险相对较高的项目应增加相应的参加能力验证计划。选择能力验证计划时,参加者应考虑可利用的或已开展的其他质量控制活动。

④与有意向参加者相关的能力验证计划组织保障方面(如时间、地点、样品稳定性考虑、样品发送安排)的适宜性。

⑤接受准则(即用于判定能力验证中的满意表现)的适宜性。

⑥成本。

⑦能力验证提供者为参加者保密的政策。

⑧报告结果和分析数据的时间表。

⑨确信能力验证物品适宜性的特性(如均匀性、稳定性,以及适当对国家或国际标准的计量溯源性)。

⑩认可机构关于参加能力验证计划的政策,包括参加特定能力验证计划的频次和其他强制性要求;在认可机构使用能力验证的政策,若参加者的表现被判定为不满意,有何具体要求等。

4.能力验证计划的参加程序

①制订年度计划。目前,能力验证计划组织机构通常在年初(或提前至上年末)将拟组织的能力验证计划目录对外公布,参加者可登录有关网站,了解有关信息,必要时,可直接咨询相关机构。根据收集到的信息,选择本实验室需要参加的能力验证计划,制订参加能力验证计划的年度计划。

②申请参加。根据每个能力验证计划的安排,组织机构通常会有相应的邀请参加的公告或通知,实验室如需要参加,务必根据通知要求,做好相关准备,如根据其对实验室的要求,确认实验室满足参加的条件,通常要填写参加申请表,并交纳相应的费用。申请表请务必在要求的截止日期前反馈至组织机构,并与其确认报名成功。

③能力验证物品的检测。邀请通知一般有计划的日程表,报名参加能力验证计划后,离组织机构分发能力验证物品的时间可能较长,参加实验室应特别留意组织机构分发能力验证物品的时间,包括征询具体的时间和日期,以免因样品邮寄等问题错过提交结果的时间。在收到样品时,应特别留意给参加者的《作业指导书》,检查样品的状态,确认样品无异常后向组织机构反馈《被测物品接受状态确认表》,样品如无法立即分析,请务必按《作业指导书》的要求保存。在开始进行检测时,请严格按《作业指导书》相关检测要求对样品进行检测,在《作业指导书》要求与检测标准方法要求出现偏差时,可与组织机构联系。参加能力验证的实验室应正确认识能力验证的目的和作用,正确对待检验结果,独立完成检验数据,杜绝与其他参与者串通。

④能力验证结果的提交。能力验证结果的提交通常在《作业指导书》上有明确的要求,检测结果通常需要填写统一的结果表格,《作业指导书》中对检测结果及其不确定度记录和报告方式的明确和详细的说明,通常包括测量单位、有效数字或小数位数、报告的依据(如按干基质量计或按"收到基"计)等参数。此外,应特别留意提交分析的能力验证结果的截止日期和

其他要求,如实验室负责人签名和实验室盖章等。

⑤能力验证报告分析。在提交能力验证结果后,组织机构需要统计处理数据,编制能力验证计划报告可能需要较长的时间,参加实验室需要耐心等待。在收到能力验证计划报告后,应认真阅读,组织相关人员学习研究,在重点了解自身结果的基础上,对相关项目检测的整体情况、检测标准和检测方法、目前检测的精密度和准确度、其他实验室与本实验室的差异、检测容易出现的偏差和产生偏差的原因等。

⑥存在的问题及采取的相应措施。对能力验证结果不满意的实验室,应及时进行改进,启动实验室纠正措施程序,认真查找分析不满意的原因并进行整改。

5. 能力验证计划结果的分析处理

(1)概述

实验室收到能力验证结果,不仅应注重结果满意与否,还应对结果进行详细分析并形成相关分析报告,必要时,应组织实验室相关人员进行讨论研究。当出现不满意结果时,应按其文件体系规定程序实施有效的纠正措施。

(2)分析实验室结果

一轮能力验证计划持续时间较长,参加实验室在提交检测结果后,通常需要 1～3 个月后才会收到组织机构发回的能力验证计划结果报告和本实验室参加能力验证的结果通知单。一般结果通知单应与能力验证计划结果报告结合使用。技术负责人应组织相关人员,对比能力验证计划结果试验原始记录和能力验证计划结果报告,对有关技术参数和内容进行讨论和分析,并填写"能力验证/比对试验结果分析表"。在注重自身结果的同时,应关注其他参加实验室的结果分析,了解同行检测机构对该检测项目的检测水平和结果差异,特别是报告中有关技术分析部分和各实验室检测方法和技术参数等的内容,对每个实验室都有很好的借鉴作用。无论是结果满意还是不满意的实验室,如组织机构对能力验证组织技术研讨会,都应积极参加。

(3)不满意结果原因分析

一般而言,实验室参加的能力验证项目中都获得满意的结果,那么可以直接判断实验室内部质量管理处于良性的循环状态;如果能力验证结果中存在不满意结果,实验室应组织有关人员分析原因,找出问题的根源,按《不符合工作的控制与纠正程序》确定需要采取的措施,采取相应的纠正措施和预防措施,总结经验,以便实验室在今后的质量管理中避免类似的差错。只有重视整改的有效性,才能真正提高实验室检测技术水平,始终让实验室进入持续改进的良性循环中,促进实验室内部质量管理水平的稳步提升。

(4)长期监测能力

一次能力验证计划的满意表现可以代表这一次的能力,但不能反映出持续的能力。同样,在一次能力验证计划中的不满意表现,也许反映的是参加者偶然地偏离了正常的能力状态。对同一检测项目,实验室应不断参加能力验证计划,实验室不同时间的能力验证计划结果可反映参加实验室能力的变动。实验室可通过一定的图形方法来反映,观察是否呈现趋势性的变化或不一致的结果,以及随机变化。

二、参加测量审核

能力验证涉及的实验室较多,持续的时间较长,可参加的能力验证计划相对较少,而测量审核可以作为能力验证的补充,即实验室对被测物品(材料或制品)进行实际测试,将测试结果与参考值进行比较。该方式用于对实验室的现场评审活动中,可以认为测量审核是一种特殊的,即只有 1 个参加者的能力验证。

相对来说,测量审核更为灵活、快速。对于化学检测而言,通常测量审核由权威检测实验室组织,由其将样品分发到测量审核申请实验室,回收其测量结果,依据参考值和允许误差对参加实验室结果进行评价,该参考值既可是有证标准物质证书值,也可是能力验证样品指定值,或者是参考实验室的测定值等。实验室间质量控制必须在切实施行实验室内质量控制的基础上进行。

任务四　全面质量管理

近年来,全面质量管理思想在全球获得广泛的应用和发展。了解和应用全面质量管理的理论和方法对做好检测实验室质量控制必将有很大的促进作用。全面质量管理是由美国质量管理专家费根堡姆提出的。他对全面质量管理给出的定义是:"为了能够在最经济的水平上并考虑充分满足用户要求的条件下进行市场研究、设计、生产和服务,把企业内部各部门的研制质量和提高质量的活动构成为一体的一种有效体系"。

费根堡姆主张用系统的方法管理质量,在质量管理过程中要求所有职能部门参与,而不局限于生产部门。这一观点要求在产品形成的早期就建立质量的检验和控制,而不是在既成事实后再作质量的检验和控制。在费根堡姆的学说里,他摒弃了最受关注的质量控制的技术方法,而将质量控制作为一种管理方法,强调管理的观点并认为人际关系是质量控制活动的基本问题。一些特殊的方法如统计和预防维护,只能被视为全面质量控制程序的一部分。当时他强调,"质量并非意味着最佳,而是顾客使用和售价的最佳。"

国际标准 ISO 8402 则给全面质量管理的定义是:"一个组织以质量为中心,全员参与为基础的管理方法,其目的在于通过让顾客满意和本组织所有成员以及社会受益而获得长远的成功的管理途径。"该定义明确了全面质量管理为全员、全过程、全方位的质量管理。

现代全面质量管理的核心思想强调 3 个基本思想:

①为顾客服务的思想。要确立牢固为各阶层各环节顾客服务的思想,以满足顾客需求为导向,不断改善,最终使顾客满意。对于检测实验室来说,质量管理的基础仍是"顾客的需求"。不同类型实验室为顾客服务的重点有很大差异。对于第三方实验室来说,其生存与发展都直接依赖于顾客,有了顾客才有市场,才有效益;对于官方检测实验室来说,"顾客需求"主要体现为"社会需求",官方检测实验室不仅是对某一顾客负责,更重要的是要对更大多数的顾客负责,对国家和社会负责。

②预防为主的思想。"事后检验"面对的是已经既成事实的结果质量,并且,如果一味地只强调事后检验出来,实际上放松了上一环节的质量要求,总是心存侥幸地把对结果质量控制寄托在下一步,工作注意力也放到了下一步。全面质量管理要求将"事后检验"变为"事前

预防"，让检测实验室在实际的运营中、具体的工作上提前做好计划，能按时完成工作任务，把管理工作的重点，从"事后把关"转移到"事前预防"上来。实行"预防为主"的方针，把不合格工作可能产生的概率在它的形成过程中就消灭掉，做到从源头处控制质量，防患于未然。这样则可以避免因事前的准备不足而造成各类质量问题的发生，从而造成重大的损失。

③系统、全面、科学的思想。质量问题并不仅是某个点、某个人的问题，而必须系统、全面、科学地分析其产生的根源，并且寻求系统科学性解决方式。通常来说，推行全面质量管理，必须考虑满足"三全"的基本要求，即全过程管理、全员管理、全方位质量管理。

一、全过程管理

1. 全过程管理的含义

现代质量管理体系都是基于过程方法，根据 ISO 9000 标准，过程管理方法就是"为使组织有效运作，必须识别和管理许多相互关联和相互作用的过程。通常一个过程的输出将直接成为下一个过程的输入，系统地识别和管理组织所应用的过程，特别是这些过程间的相互作用"。将活动和相关的资源作为过程进行管理，可以更高效地得到期望的结果。质量管理体系是一种全过程方法质量管理，强调质量的产生、形成和实现都是通过过程链来完成的。过程的质量，最终决定了产品和服务的质量。过程管理覆盖了组织的所有活动，涉及组织的所有部门，并聚焦于关键/主要过程。过程管理充分体现了"预防为主"的现代管理思想，从"预防为主"的角度出发，对工作的全过程都应进行严格的质量控制，把影响质量的问题控制在最低允许限度，力争取得最好的效果。同时更加强调加强过程设计的科学性和有效性，注重对过程中发生问题的及时反馈和果断处理，注重对设计的及时调整。过程管理并非没有目标，只是注重管理过程中信息反馈及处理的及时性，它弥补目标管理的不足。检测实验室需要明确一切符合要求的因素，在此基础上确定关键业务或检测流程，做好各类资源、各层次人员、各方面的组织协调工作。

2. 全过程质控

通常，对于检测实验室来说，第一，要确定每一个过程的顾客需求及目标，如报检环节要确定外来顾客的真实需求及潜在的需求，合同评审时要尽可能清晰明了；第二，要规定实现目标的每一过程作业人员和管理人员的职责和权限，如受理报检后交检测任务单或样品给检测环节时，双方各自的职责和权限都要分清，各个过程之间的接口要特别注意管理；第三，要确定和规定每一过程实现目标所需要的资源，如检测过程需要检验方法、检测仪器、试剂等；第四，确定每一个过程的作业标准和成果衡量方法，通常许多实验室对此都相对忽视或者不得法，毕竟衡量起来比较困难；第五，要确定防止不合格及消除其产生原因的措施；第六，运用PDCA 循环持续改进这些过程。

3. 全过程质量管理方法

全过程质量管理的基本方法可以简单概括为一个过程和四个阶段。

（1）一个过程

检测实验室质量管理自始至终都是一个过程，不管期间分成多少个不同部分、不同层次或者不同子过程。检测实验室的每项检测、咨询服务、供应采购、计量校准活动，都有一个产生、形成、实施和验证的过程。

（2）四个阶段

根据管理是一个过程的理论,美国戴明博士把它运用到质量管理中来,总结出"计划 P（plan）→执行 D（do）→检查 C（check）→采取措施 A（action）"PDCA 四个阶段循环方式,即著名的"戴明循环",通常被公认为全过程质量管理必须遵循的四个有效阶段,即以 PDCA 循环运行模式。

P 阶段就是摸清顾客的需求,通过调查、咨询来制订适宜的技术指标及相应的质量目标,同时确定适当的技术标准方法,或者是需要采取的具体措施等。P 阶段的主要内容包括市场调查、用户访问、顾客咨询、合同评审要求、方案设计、工作计划制订、相关检测方法、技术壁垒制订、应对或处理措施的准备等。

D 阶段是根据 P 阶段的调查摸底成果,如市场、顾客需求等,按照 P 阶段设计所确定的标准方法或者制订的处理措施去执行实施。这个阶段主要是实施 P 阶段所计划或规定的内容,严格按照质量标准进行设计、试制、试验、试用、原材料准备、信息资源汇集、分工安排以及对相关人员进行培训等。

C 阶段主要是对照 P 阶段计划的内容或相关标准方法规程,检查 D 阶段执行的情况和效果。C 阶段必须注意及时发现和总结前两个阶段的经验和存在的教训。检查阶段必须遵循一定的原则,既要公平,不要偏袒,又要善于把握关键核查点,避免胡子眉毛一起抓,对事不对人,有时还要懂得如何规避风险,确保实际效果。

A 阶段是第四阶段,即采取措施或是总结调整,根据 C 阶段检查的结果采取适当措施:要么是总结成功经验,然后确定相关标准,实施标准化作业,或制订作业指导书,并转入下一轮PDCA 循环;要么是提出整改方案,采取纠正措施,警示通报,吸取教训,防止问题再发生,然后再转入下一轮。

以上四个过程相互作用构成 PDCA 循环,从而促进质量管理体系的持续改进,持续改进又使质量管理体系螺旋式提升。

二、全员管理

1. 全员管理的定义

曾任美国联邦统计局首席数学家兼抽样专家的戴明博士指出,在生产过程中,造成质量问题的原因只有 10% ~15% 来自工人,而 85% ~90% 是企业内部在管理上有问题。由此可知,现代检测实验室把质量事故几乎第一意识地归罪于检测员,是不利于质量真正提高的。

现代社会,联系日益广泛,环节错综复杂,如果原材料把关不严,很有可能影响最终产品质量。"各级人员都是组织之本,只有他们的充分参与,才能使他们的才干为组织带来收益。"检测实验室要注意持之以恒地结合实际发生情况或需要作出决策,对全体人员进行有效培训和教育,一是提升质量意识;二是可以达到相互理解、行动一致的目的。

全员参与关键在于每个人都是质量上的领导者,每个人都主动地完成自己的职责及相关衔接。如果绝大部分人都是被动的参与者,这样的"全员参与"只是形式上的,并非全过程质量要求的真正全员参与。

全过程质量包括检测实验室的全部人员,不管是直接与产品或服务有关的,还是间接相关的,不管是检验、生产人员,还是行政后勤人员,不管是临时工,还是最高领导人,都必须注意质量,说到底,质量对谁都一样重要。

2. 全员管理的方法要点

①最高管理层质量意识到位。如果最高管理层质量意识不到位,只是把质量工作当成可有可无,那么是不可能要求全员参加到质量活动中的。最高管理层不重视,能不能搞好质量工作呢? 能,但只能局部,不能全部;只能一时,不能长久。有些检测实验室检验员责任心很强,自己总认为要想方设法避免出差错,这种精神和努力非常可嘉。但如果某些层次领导不以为然,则质量工作始终未真正放在第一位,检验员受干扰的因素太多,又怎能保证质量呢?最高管理层的质量意识和质量活动,将从根本上决定全员质量意识和活动。

②必须抓好全员的质量教育和培训。教育和培训至少需要达到两个目的:一是加强全体人员的质量意识,如"顾客至上、质量第一"等;二是提高所有人员的质量相关的技术能力和质量管理能力。教育培训最好能避免填鸭式空洞说教,用组织的事例或其他实验室组织的例子更能说明问题。

③建立科学的组织责任管理机制。科学部署各部门、各层次、各类人员的岗位质量责任,既要明确各自所承担的任务和各自的职权,又要相互合作、精诚团结,以形成一个高效有序、协调畅通、严密周到的质量管理系统。上层领导侧重于质量决策、最终质量战略目标;中层管理则着重于贯彻落实领导层的重要事项;基层管理要熟悉具体的程序文件、作业指导书等,严格按规范操作,不断改进。

积极开展群众性的质量教育、培训、竞技等质量活动,充分发挥职员以企业、检测实验室为家,当家作主的主人翁主观能动性,否则,质量没准在哪个人身上就出了问题。

三、全方位质量管理

全方位质量管理不仅应由质量管理部门和质量检验部门来承担,而且必须有项目的其他各部门参加,如技术、计划、物资供应、原材料采购、财务成本、预算合同、仪器设备、劳务、后勤服务等部门。各部门均对项目的质量作保证,实现项目的全方位质量管理。

1. 全方位质量管理的类型

影响质量的因素从大的方面可以划分为两大类:一类是仪器、试剂材料和检测方法等技术方面的因素;另一类是操作者、检验员、基层管理人员、质量保证人员和组织的其他人员等人方面的因素。全面控制质量因素则意味着把影响质量的这些因素全部予以控制,受到足够的关注和控制,避免质量缺陷产生,以确保质量。检测质量因素按其性质可分为合同评审、标准方法管理、检测项目管理、抽样监督、制样或样品前处理、检测实验控制、专题项目攻关等。

然而,这并不意味着质量管理就是被动的,只能适应这些限制条件。相反,管理在认识和确定环境的关系、设计内部各分系统中,具有一种积极的作用。也即是说,要实施有效的质量管理,首先必须进行有效的系统组织管理,其次在实践中根据系统科学的基本原理,灵活运用还原与上索、层次分析与综合、功能分析与黑箱方法、隐喻、类比与数学计算机模型等系统科学方法来进行质量系统管理,这就是科技高速发展的今天管理手段必须跟上的主要趋向。影响实验室检定、校准和检测结果质量的因素,还包括人员、设备、设施与环境条件、样品、方法、溯源性、与结果有关的材料等,还包括不同操作者、设备再校准、天气变化(温度、湿度)等。

2. 如何控制质量因素

控制质量因素的关键是排除干扰。对检测实验室检验业务系统外的干扰因素,可以参考下面4个方面考虑,然后结合自身组织的实际情况,建立质量干扰判断标准,如有必要,可以估计干扰后果。

①区间核查、每天检查、盲样考核、不定期内部审核、组织比对试验、参加能力验证等。

②事前控制的关键是检验标准、方法的收集、理解、掌握,外部供应商的管理和试剂标物及其他消耗品的进货检验,分包实验室管理,计量管理,与顾客沟通、合同评审、顾客咨询等。在对供应商进行管理时,可以考虑进行供应商等级评估和资料库的管理。在对供应商进行评估时,可以从几个方面进行,即被评估供应商的资质、经营状况、研发状况、生产状况、提供服务项目、供应物品质量评价、服务的质量评价等情况。

③事后警示反馈,需要对出现的问题进行反馈,坚决改正,把问题暴露出来,绝不妥协。实际上流程再造、前台服务改革、提升对顾客服务意识等都可以作为事后反馈的主要渠道。

④质量和准时交付都是顾客所要求的。从某种意义上来说,准时交付是质量的一个组成部分,但往往准时交付和质量是有矛盾的。检测实验室为了检测周期在规定内达到,往往有可能牺牲了某些检测质量,如样品前处理时间、复核时间、证书审核和签发时间,这些都有可能让质量问题从几道关卡"从容快捷"而过,在实际操作中,更需要避免一些无谓的干扰,从而排除影响控制质量的不合理的因素。

思考与练习

简答题

1. 什么是标准物质、有证标准物质和基准物质?

2. 实验室内部对比的特点有哪些?

3. 简述能力验证计划的参加程序。

4. 什么是全过程质量管理方法?

5. 全员质量管理方法要点有哪些?

项目八课件　　　　　参考答案　　　　　拓展阅读

项目九

技能实训

实训一　实验室制水

◇ **知识目标**

- 掌握离子交换法制备实验室用水。
- 熟悉蒸馏法制备实验室用水。
- 了解实验室用水的检验。

◇ **能力目标**

- 能够掌握蒸馏法实验装置的装配。
- 能够正确进行离子交换树脂的操作。
- 能够正确进行实验室用水的检验项目。

◇ **思政目标**

- 实事求是是马克思主义观点,培养学生记录实验数据应科学严谨、实事求是。
- 通过加热制备蒸馏水的实验,培养学生实验室的安全责任意识。
- 根据实验室用水的检验,让学生了解理论联系实际,实践是检验真理的唯一标准。

实验室分析用水的制备是检测操作的基础,水在化学实验、工业分析、化学检验中是最廉价、最广泛的溶剂和洗涤剂。化学实验室用于溶解、稀释和配制溶液的水,都必须先经过净化。水质的好坏将直接影响化学检验的结果。分析检验的要求不同,对水质纯度的要求也不同。应该根据不同的要求,采用不同的净化方法制得纯水。

任务一　蒸馏法制备实验室用水

一、实验目的

　　1. 学会装配简单仪器装置的方法。
　　2. 掌握蒸馏实验的操作技能。
　　3. 掌握制取蒸馏水的实验方法。

二、实验原理

　　将自来水在蒸馏装置中加热汽化,然后将蒸汽冷凝即可得到蒸馏水。由于杂质离子一般不挥发,所以蒸馏水中所含杂质比自来水少得多,比较纯净,可达到三级水的指标。蒸馏法设备成本低,操作简单,但能量消耗大,只能除去水相中不挥发性杂质,不能完全除去水中溶解的气体杂质。为了获得比较纯净的蒸馏水,可以进行重蒸馏,并在准备重蒸馏的蒸馏水中加入适当的试剂以抑制某些杂质的挥发,如加入甘露醇能抑制硼的挥发,加入碱性高锰酸钾可破坏有机物并防止二氧化碳蒸出。二次蒸馏水一般可达到二级水指标。第二次蒸馏通常采用石英亚沸蒸馏器,其特点是在液面上方加热,使液面始终处于亚沸状态,可使水蒸气带出的杂质减至最低。

三、仪器与药品

　　1. 仪器:蒸馏烧瓶、冷凝管、加热炉、锥形瓶、温度计、铁架台。
　　2. 试剂:自来水、碎瓷片。

四、实验步骤

　　1. 将蒸馏烧瓶、冷凝管、加热炉、锥形瓶按照实训图 1.1 进行装配。
　　2. 往蒸馏烧瓶中加入自来水至烧瓶容器的一半左右,再往里加入一些碎瓷片,然后用插有温度计(150℃)的橡皮塞塞紧。
　　3. 对蒸馏烧瓶进行加热。
　　4. 当水温达到约 100 ℃时,水沸腾,水蒸气经过空气冷凝管后,在锥形瓶中收集。
　　5. 锥形瓶中的水为蒸馏水。

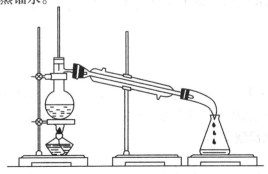

实训图 1.1　蒸馏法制备实验室用水

五、注意事项

1. 温度计水银球应在蒸馏烧瓶支管的位置。

2. 一次蒸馏只能作为一般分析使用,更加纯净的蒸馏水需要进行二次蒸馏。

3. 本方法只能用来制取少量的蒸馏水,需要大量的蒸馏水可以采用实验室专用蒸馏水器制取。

六、思考题

1. 为什么温度计的水银球不能插入自来水液面以下?

2. 冷凝水的流动方向是什么?

3. 碎瓷片的作用是什么?

任务二　离子交换法制备实验室用水

一、实验目的

1. 掌握阳离子交换树脂、阴离子交换树脂预处理的方法。

2. 了解离子交换法制纯水的基本原理,掌握其操作方法。

二、实验原理

去离子水是使自来水或普通蒸馏水通过离子交换树脂柱后所得的水。制备时,一般将水依次通过阳离子交换树脂柱、阴离子交换树脂柱、阴阳离子混合交换树脂柱。这样得到的水的纯度比蒸馏水纯度高,质量可达到二级或一级水指标,但对非电解质及胶体物质无效,同时会有微量的有机物从树脂溶出,根据需要可将去离子水进行重蒸馏以得到高纯水。离子交换法去离子效果好,但不能除去水中非离子型杂质,去离子水中常含有微量的有机物。

三、仪器与药品

1. 仪器:离子交换柱、玻璃纤维。

2. 试剂:2.0 mol/L HCl、2.0 mol/L NaOH、pH 试纸、去离子水。

四、实验步骤

1. 树脂的预处理

阳离子交换树脂先用去离子水浸泡 24 h,再用 2.0 mol/L HCl 溶液浸泡 24 h,滤去酸液后,反复用去离子水冲洗至中性,泡在去离子水中备用。阴离子交换树脂用同样的方法处理,用 2.0 mol/L NaOH 溶液浸泡 24 h。

2. 装柱

在交换柱(可用滴定管代替)底部塞入少量玻璃纤维以防树脂流出,向柱内注入约 1/3 去离子水,排出柱连接部分空气,将预处理过的树脂和适量水一起注入柱内,注意保持液面始终高于树脂层。

3.洗涤

用去离子水淋洗阳离子交换柱和阴离子交换柱,使交换柱洗出液 pH 值均为 7.0,注意洗涤过程保持液面始终高于树脂层。

4.制备去离子水

蒸馏水或反渗透水经高位槽依次进入阳离子交换柱进行阳离子交换,然后进入阴离子交换柱进行阴离子交换,控制水流速度为 1 mL/min。最后在阴阳离子混合交换柱处得到纯度较高的去离子水。

五、注意事项

1.淋洗交换柱时洗涤过程保持液面始终高于树脂层。

2.交换柱洗出液 pH 值均为 7.0。

3.去离子水的水流速度保持在 1 mL/min。

六、思考题

1.离子交换法制纯水的基本原理是什么?

2.装柱时为何要赶净气泡?

3.钠型阳离子交换树脂和氯型阴离子交换树脂为什么在使用前要分别用酸、碱处理,并洗至中性?

任务三　实验室用水的检验

一、检验项目

1. pH 值的测定

用酸度计测定水的 pH 值时,先用 pH 值为 5.0 ~ 8.0 的标准缓冲溶液校正 pH 计,再将 100 mL 水注入烧杯中,插入玻璃电极和甘汞电极(或复合电极),测定水的 pH 值。

2. 电导率的测定

纯水质量的主要指标是电导率(或换算成电阻率),一般的化学分析实验都可参考这项指标选择适用的纯水。特殊情况(如生物化学、医药化学等方面)的实验用水往往需要对其他有关指标进行检验。

3. 吸光度的测定

将水样分别注入 1 cm 和 2 cm 的比色皿中,用紫外-可见分光光度计,在波长 254 nm 处,以 1 cm 比色皿中纯水为参比,测定 2 cm 比色皿中待测水的吸光度。

4. 可溶性硅的检验

可溶性硅是一、二级水的检验项目。量取一级水 520 mL(二级水取 270 mL),注入两个铂皿中,在防尘条件下,亚沸蒸发至约剩 20 mL,停止加热,冷却至室温,加 1.0 mL 钼酸铵溶液

(50 g/L),摇匀,放置 5 min 后,加 1.0 mL 草酸溶液(50 g/L),摇匀。放置 1 min 后加 1.0 mL 对甲氨基酚硫酸盐溶液(2.0 g/L),摇匀。移入比色管中,稀释至 25 mL,摇匀,于 60 ℃水浴中保持 10 min。目视观察,溶液所呈蓝色不得深于标准比色溶液。

标准比色溶液的配制:取 0.5 mL SiO_2 标准溶液(0.01 mg/mL),用水稀释至 20 mL 后,与同体积试液同时同样处理。

钼酸铵溶液(50 g/L)的配制:称取 5.0 g 钼酸铵 $[(NH_4)_6Mo_7O_{24} \cdot 4H_2O]$,溶于水,加 20.0 mL 硫酸溶液(20%),稀释至 100 mL,摇匀。储存于聚乙烯瓶中。若发现有沉淀时应重新配制。

对甲氨基酚硫酸盐溶液(2.0 g/L)的配制:称取 0.20 g 对甲氨基酚硫酸盐溶于水,加 20 g 偏重亚硫酸钠(焦亚硫酸钠),溶解并稀释至 100 mL,摇匀。储存于聚乙烯瓶中,避光保存。

5. 可氧化物的限度实验

将 100 mL 需要进行可氧化物限度实验的水注入烧杯中,然后加入 10 mL 1 mol/L H_2SO_4 溶液和新配制的 1 mL 0.002 mol/L $KMnO_4$ 溶液,盖上表面皿,将其煮沸并保持 5 min,与置于另一相同容器中不加试剂的等体积的水样作比较。此时溶液呈淡红色,且颜色应不完全退尽。

另外,在某些情况下,还应对水中的 Cl^-、Ca^{2+}、Mg^{2+} 进行检验。

Cl^-:取 10 mL 待检验的水,用 4 mol/L 的 HNO_3 酸化,加两滴 1% $AgNO_3$ 溶液,摇匀后不得有混浊现象。

Ca^{2+}、Mg^{2+}:取 10 mL 待检验的水,加 $NH_4H_2O-NH_4Cl$ 缓冲溶液,调节溶液 pH 值至 10 左右,加入 1 滴铬黑 T 指示剂,摇匀后不得显红色。

二、实验数据的记录与整理

1. 实验数据的记录。将以上检验结果填写在实训表 1.1 中。

实训表 1.1　水质检验记录表

测试水样	pH 值	电导率/($\mu S \cdot cm^{-1}$)	检验现象			
			Ca^{2+}	Mg^{2+}	SiO_2	Cl^-
自来水						
蒸馏水						
去离子水						

结论:＿＿＿＿＿＿＿＿＿＿＿＿＿＿＿＿＿＿＿＿＿＿＿＿＿＿＿＿＿＿＿＿＿＿。

2. 整理实验数据并写出实验报告。

实训二　玻璃仪器

任务一　基础化学实验仪器的认领

一、预习指导

1.实验室常用仪器的种类。
2.洗涤、干燥和摆放玻璃仪器的操作方法。
3.割伤、烫伤事故的预防和处理方法。
4.仪器的摆放和管理方法。

二、训练目的

1.认识和认领基础化学实验常用的仪器及设备。
2.了解各种玻璃仪器的规格和性能。
3.掌握正确洗涤和干燥实验仪器的方法。
4.熟悉基础化学实验室的安全守则。

三、仪器试剂

1.仪器

容器类：洗瓶、试管、烧杯、表面皿、锥形瓶、烧瓶、试剂瓶、滴瓶、集气瓶、称量瓶、培养皿等。

量器类：量筒、量杯、吸量管、移液管、容量瓶、滴定管等。

其他玻璃器皿：冷凝管、分液漏斗、干燥器、砂芯漏斗、标准磨口玻璃仪器等。

瓷质类器皿：蒸发皿、布氏漏斗、瓷坩埚、瓷研钵、点滴板等。

其他器皿：洗耳球、石棉网、泥三角、三脚架、水浴锅、坩埚钳、药匙、毛刷、试管架、漏斗架、铁架台、铁圈、铁夹、试管夹等。

2.试剂

常用洗涤用品及清洁用品。

四、训练步骤

1.按照指定要求,进入自己的工作岗位。
2查实验仪器。根据实验室提供的仪器登记表对照检查仪器的完好性。
3.认识各种仪器的名称和规格。
4.整理实验仪器、设备,按规定要求合理摆放。
5.学会用正确的洗涤方法清洗所用的实验仪器,了解仪器的干燥方法及干燥设备。

6.熟悉实验室割伤、烫伤事故的预防与处理方法。

7.打扫化学基本操作实验室,做好值日工作。

五、实训效果

1.写出自己所用的玻璃仪器、器皿的洗涤、干燥及摆放要求。

2.写出设备的摆放位置及要求(或画出摆放位置,写出摆放要求)。

3.简洁地写出实验室规则和安全守则。

六、思考题

1.化学实验常用的仪器有哪些类别?

2.各类仪器之间有何区别?

任务二　常用玻璃仪器清洗的基本操作

一、实训目的

1.学习实验室的各类规章制度,注意实验安全。

2.认识实验室常用仪器,掌握仪器的一般洗涤和干燥方法。

二、技能要求

1.学习实验室的各种规章制度,使学生熟悉实验室安全守则、仪器的使用守则、危险药品的使用和存放守则及卫生纪律守则。

2.为了使实验得到正确的结果,实验所用的玻璃仪器必须是洁净的,有些实验还要求是干燥的,需对玻璃仪器进行洗涤和干燥。

三、主要仪器设备

试管、烧杯、量筒、漏斗、试剂瓶、容量瓶、移液管等。

四、实训步骤

1.玻璃仪器的洗涤

为了使实验结果正确,必须将仪器洗涤干净,一般洗法如下:

(1)水冲洗法。试管(或烧杯)用自来水刷洗干净后再用少量蒸馏水漂洗1~2次。

(2)刷洗法。当容器内壁附有不易冲洗掉的污物时,通过毛刷对器壁的摩擦去掉污物。需用去污粉擦洗(注意,有刻度仪器不用去污粉需用肥皂水刷洗),再用自来水洗干净,最后用蒸馏水漂洗1~2次。洗涤干净的标准,器壁能均匀地被水所润湿而不黏附水珠。

(3)药剂洗涤法。对一些容积精确形状特殊不便刷洗的仪器,可用洗液(浓硫酸和重铬酸钾饱和溶液等体积配制成)清洗,方法是往仪器内加入少量洗液,将仪器倾斜慢慢转动,使内壁全部为洗液湿润,反复操作数次后把洗液倒回原瓶,然后用自来水清洗,最后用蒸馏水漂洗2次。

注意:

①选用合适的毛刷。毛刷可按所洗涤的仪器的类型、规格(口径)大小来选择。刷洗后,再用水连续振荡数次。

②洗涤试管和烧瓶时,端头无直立竖毛的秃头毛刷不可使用。

③有刻度的玻璃仪器(量筒、移液管、滴定管、容量瓶)不能用毛刷刷洗。

④器壁上有不透明处、附着水珠或油斑,则未洗净。只留下一层既薄又均匀的水膜,不挂水珠,表示洗净。

⑤已洗净的仪器不能用布或纸抹,试管应倒放在试管架上。

2.玻璃仪器的干燥

(1)晾干。让残留在仪器内壁的水分自然挥发而使仪器干燥。

(2)烘干。仪器口朝下,在烘箱的最下层放一陶瓷盘,避免从仪器上滴下来的水损坏电热丝。

(3)烤干。烧杯、蒸发皿等可放在石棉网上,用小火烤干,试管可用试管夹夹住(管口须低于管底),在火焰上来回移动,直至烤干。

(4)气流烘干。试管、量筒等适合在气流烘干器上烘干。

注意:带有刻度的计量仪器不能用加热的方法进行干燥。

五、问题与思考

为什么用洗液洗涤时决不允许将毛刷放入洗瓶中?

实训三　天平称量

◇ 知识目标

- 了解常用分析天平的构造并掌握正确的使用方法及使用规则。
- 掌握天平的操作及注意事项。

◇ 能力目标

- 能调节分析天平的零点。
- 能根据分析任务选择称量仪器。
- 能够进行故障排查及维修。

◇ 思政目标

- 培养标准化操作的职业素养。
- 加强使用仪器、爱护仪器、维护仪器的职业技能。

任务一　分析天平的称量操作

一、实训目标

1. 了解半机械加码电光分析天平的构造。
2. 学会半机械加码电光分析天平的使用方法。
3. 掌握直接称量法、固定质量称量法和差减称量法的一般程序。
4 养成正确、及时、简明记录实验原始数据的习惯。

二、仪器试剂

1. 仪器：托盘天平、半机械加码电光分析天平、称量瓶、表面皿、药匙、小烧杯、瓷坩埚。
2. 试剂：NaCl 固体颗粒。

三、实训步骤

1. 观察半机械加码电光分析天平的构造。
2. 练习天平水平的调节。
3. 练习开启、关闭天平。
4. 练习天平零点的调节。
5. 练习用直接称量法称量表面皿、小烧杯、称量瓶、瓷坩埚的质量并记录在实训表 3.1 中。

实训表 3.1

物品	表面皿	小烧杯	称量瓶	瓷坩埚
质量/g				
称量后天平零点/格				

6. 练习固定质量称量。向小烧杯内加入 0.264 88 g NaCl，反复练习 3～4 次，并记录在实训表 3.2 中。

实训表 3.2

记录项目	1	2	3	4
小烧杯质量/g				
小烧杯+样品质量/g				
样品质量/g				
称量后天平零点/格				

7. 练习用差减称量法称量 0.4～0.5 g NaCl,反复练习,并记录在实训表 3.3 中。

实训表 3.3

记录项目	第一份	第二份
敲样前称量瓶+样品质量/g		
敲样后称量瓶+样品质量/g		
敲出的样品质量/g		
称量后天平零点/格		

四、注意事项

1. 称量时所有器皿都要用纸袋套取,不得用手直接接触。

2. 不准在天平开启状态加减砝码。

3. 开启、关闭天平时动作要缓慢。

4. 被称量物应放在天平盘中央,被称量物的质量不能超过天平的最大载荷。

5. 读数时应关闭天平门。

6. 称量结束后应立即记录称量结果,关闭天平,取出被称量物,并将指数盘归零。

五、思考题

1. 在天平上称量物体或加减砝码时为何要先关闭天平?

2. 若天平指针向右偏移,称量物比砝码重还是轻?

任务二　电子天平称量练习

一、实训目标

1. 学会电子天平的使用方法。

2. 学会称量方法。

3. 掌握电子天平的使用方法。

4. 掌握直接称量法和固定质量称量法。

二、仪器试剂

1. 仪器:电子天平、称量瓶、药匙。

2. 试剂:NaCl 固体粉末。

三、实训步骤

1. 开启天平,预热。

2. 直接称量称量瓶的质量。

3. 去皮重。

4. 用药匙取 NaCl 固体粉末,轻轻振动,使其慢慢落入称量瓶中,直接称取 1.462 5 g NaCl。

四、注意事项

1. 所称量的物质不能直接放在天平盘上。

2. 称量时要关闭防风门。

五、思考题

1. 电子天平有几类?怎样操作?

2. 电子天平与分析天平的称量方法有何异同?

实训四　检验检测基本操作

◇ **知识目标**

- 掌握钡盐中钡含量的测定原理和方法。
- 掌握沉淀的过滤、洗涤、干燥和灼烧等基本操作。
- 熟悉晶型沉淀的条件及方法。
- 了解换算因子的计算和应用。

◇ **能力目标**

- 能用质量分析法测定氯化钡中钡的含量。
- 能对沉淀进行过滤、洗涤、干燥和灼烧等基本操作。
- 能用马弗炉对样品进行灼烧处理并能准确判断样品是否恒重。
- 能整理实验数据并对实验结果进行评价。

◇ **思政目标**

- "三化"思想:抽象问题形象化、理论问题生活化、复杂问题简单化。
- 高温操作时注意安全,做好防护,防止灼伤、烫伤。
- 生态环境意识:实验操作过程中严格控制污染环境试剂的使用,正确处理实验废液。

任务一　试剂的取用

一、固体试剂的取用

固体试剂需用清洁干燥的药匙取用。药匙的两端为大小两个匙,取大量固体时用大匙,取少量固体时用小匙(取用的固体要放入小试管时,必须用小匙)。

二、液体试剂的取用

1. 使用量筒取用试剂

用左手持量筒(或试管),用大拇指指示所需体积刻度处。右手持试剂瓶(注意试剂标签应向手心避免试剂沾污标签),慢慢将液体注入量筒到所指刻度。读取刻度时,视线应与液体凹面的最低处保持水平。倒完后,应将试剂瓶口在容器壁上靠一下,再将瓶子竖直,以免试剂流至瓶的外壁。如果是平顶塞子,取出后应倒置桌上,如瓶塞顶不是扁平的,可用食指和中指将瓶塞夹住,切不可将它横置桌上。取用试剂后应立即盖上原来的瓶塞,把试剂瓶放回原处,并使试剂标签朝外,应根据所需用量取用试剂,不必多取,如不慎取出了过多的试剂,只能弃去,不得倒回或放回原瓶,以免沾污试剂。

2. 用胶头滴管取用试剂

滴管上部装有橡皮头,下部为细长的管子。使用时,提起滴管,使管口离开液面,用手指紧捏滴管上部的橡皮头,以赶出滴管中的空气,然后把滴管伸入试剂瓶中,放开手指,吸入试剂。再提起滴管将试剂滴入试管或烧杯中。

使用胶头滴管时,必须注意:

①将试剂滴入试管中时,可用无名指和中指夹住滴管,将它悬空地放在靠近试管口的上方,然后用大拇指和食指掐捏橡皮头,使试剂滴入试管中。绝对禁止将滴管伸入试管中。否则,滴管的管端将很容易碰到试管壁上面黏附其他溶液,使试剂被污染。

②胶头滴管不能混合使用。使用完毕后,应立即将滴管洗净。

③胶头滴管取出试剂后,应保持橡皮头在上,不要平放或斜放,以免试液流入滴管的橡皮头。

3. 移液管的使用方法

(1)使用前

使用移液管,要先看一下移液管标记、准确度等级、刻度标线位置等。

(2)吸液

用右手的拇指和中指捏住移液管的上端,将管的下口插入欲吸取的溶液中,插入不要太浅或太深,一般为 10～20 mm 处,太浅会产生吸空,把溶液吸到洗耳球内弄脏溶液,太深又会在管外黏附溶液过多。左手拿洗耳球,接在管的上口把溶液慢慢吸入,先吸入该管容量的 1/3 左右,用右手的食指按住管口,取出,横持,并转动管子使溶液接触到刻度以上部位,以置换内壁的水分,然后将溶液从管的下口放出并弃去,如此反复洗 3 次后,即可吸取溶液至刻度以上约 5 mm,立即用右手的食指按住管口。

(3)调节液面

将移液管向上提升离开液面,用滤纸将沾在移液管外壁的液体擦掉,管的末端靠在盛溶液器皿的内壁上,管身保持垂直,略为放松食指(有时可微微转动吸管)使管内溶液慢慢从下口流出,直至溶液的弯月面底部与标线相切为止,立即用食指压紧管口。将尖端的液滴靠壁去掉,移出移液管,插入承接溶液的器皿中。

(4)放出溶液

承接溶液的器皿如是锥形瓶,应使锥形瓶倾斜 30°,移液管保持垂直,管下端紧靠锥形瓶内壁,松开食指,让溶液沿瓶壁慢慢流下,当液面降至排液头后管尖端接触瓶内壁约 15 s 后,再将移液管移去。对残留在管末端的少量溶液,不可用外力强使其流出,校准时已考虑末端保留的溶液的体积。

任务二　沉淀的分离和洗涤

一、常用的过滤方法

当溶液中有沉淀而又要把它与溶液分离时,常用过滤法。

1. 普通过滤(常压过滤)

普通过滤中常用的过滤器是贴有滤纸的漏斗。先将滤纸对折两次(若滤纸不是圆形的,此时应剪成扇形)拨开一层即成圆锥形,内角成60°(标准的漏斗内角为60°,若漏斗角度不标准应适当改变滤纸折叠的角度,使能配合所用漏斗),一面是三层,一面是一层(实训图4.1)。再把这圆锥形滤纸平整地放入干净的漏斗中(漏斗宜干,若需先用水洗涤干净可在洗涤后,再用滤纸碎片擦干),使滤纸与漏斗壁靠紧,用左手食指按住滤纸(实训图4.2),右手持洗瓶挤水使滤纸湿润,然后用清洁玻璃棒轻压,使之紧贴在漏斗壁上,此时滤纸与漏斗应当密合,其间不应留有空气泡。

实训图4.1　滤纸的折法

实训图4.2　用手按住滤纸

实训图4.3　过滤

一般滤纸边应低于漏斗边3～5 mm,将漏斗放在漏斗架上,下面承以接受滤液的容器,使漏斗颈末端与容器壁接触,过滤时采用倾析法,即过滤前不要搅拌溶液,过滤时先将上层清液沿着玻璃棒靠近三层滤纸这一边(注意玻璃棒端不接触滤纸)慢慢倾入漏斗中,然后将沉淀转移到滤纸上,这样不使沉淀物堵塞滤孔,可节省过滤时间,倾入溶液时,应注意使液面低于滤纸边缘约1 cm,切勿超过滤纸边缘(实训图4.3),过滤完毕后,从洗瓶中挤出少量水淋洗盛放沉淀的容器(实训图4.4)及玻璃棒(玻璃棒未洗前不能随便放在桌子上),洗涤液必须全部滤入接收器中,如果需过滤的混合物中含有能与滤纸作用的物质(如浓硫酸),则可用石棉或玻璃丝在漏斗中铺成薄层作为滤器。

2. 吸滤法过滤(减压过滤或抽气过滤)

为了加速过滤,常用吸滤法过滤。吸滤装置如实训图4.5所示,它由吸滤瓶1、布氏漏斗2、安全瓶3和水压真空抽气管(也称水泵)4组成。水泵一般装在实验室中的自来水龙头上。

布氏漏斗是瓷质的,中间为具有许多小孔的瓷板,以便使溶液通过滤纸从小孔流出。布氏漏斗必须装在橡皮塞上,橡皮塞的大小应与吸滤瓶的口径相配合,橡皮塞塞进吸滤瓶的部分一般不超过整个橡皮塞高度的1/2。如果橡皮塞太小而几乎能全部塞进吸滤瓶,则在吸滤时整个橡皮塞将被吸进吸滤瓶而不易取出。

吸滤瓶的支管用橡皮管和安全瓶的短管相连接,而安全瓶的长管则和水泵相连接。安全瓶的作用是防止水泵中的水产生溢流而倒灌入吸滤瓶中。这是因为在水泵中的水压有变动时,常会使水溢流出来,在发生这种情况时,可将吸滤瓶和安全瓶拆开,将安全瓶中的水倒出,再重新把它们连接起来。如不要滤液,可不用安全瓶。

吸滤操作,必须按照下列步骤进行:

①做好吸滤前准备工作,检查装置。

a. 安全瓶的长管接水泵,短管接吸滤瓶。

b. 布氏漏斗的颈口应与吸滤瓶的支管相对,便于吸滤。

②贴好滤纸。滤纸的大小应剪得比布氏漏斗的内径略小,以能恰好盖住瓷板上的所有小孔为度。先由洗瓶挤出少量蒸馏水润湿滤纸,微启水龙头,稍微抽吸。使滤纸紧贴在漏斗的瓷板上,然后开大水龙头进行抽气过滤。

③过滤时,应该用倾析法,先将澄清的溶液沿玻璃棒倒入漏斗中,滤完后再将沉淀移入滤纸的中间部分。

④过滤时,吸滤瓶内的滤液面不能达到支管的水平位置,否则滤液将被水泵抽出。当滤液快上升至吸滤瓶的支管处时,应拔去吸滤瓶上的橡皮管,取下漏斗,从吸滤瓶的上口倒出滤液后再继续吸滤,但须注意,从吸滤瓶的上口倒出滤液时,吸取滤瓶的支管必须向上。

⑤在吸滤过程中,不得突然关闭水龙头,如欲取出滤液,或需要停止吸滤,应先将吸滤瓶支管的橡皮管拆下,再关上水龙头,否则水将倒灌,进入安全瓶。

⑥在布氏漏斗内洗涤沉淀时,应停止吸滤,让少量洗涤剂缓慢通过沉淀,然后进行吸滤。

⑦为了尽量抽干漏斗上的沉淀,最后可用一个平顶的试剂瓶塞挤压沉淀。

过滤完后,应先将吸滤瓶支管的橡皮管拆下再关闭水龙头,再取下漏斗。将漏斗的颈口朝上,轻轻敲打漏斗边缘,即可使沉淀脱离漏斗,落入预先准备好的滤纸上或容器中。

⑧洗涤沉淀时(实训图4.6),先让烧杯中的沉淀充分沉降,然后将上层清液沿玻璃棒小心倾入另一容器或漏斗中,或将上层清液倾去,让沉淀留在烧杯中。由洗瓶吹入蒸馏水,并用玻璃棒充分搅动,然后让沉淀沉降,用上面同样的方法将清液倾出,让沉淀仍留在烧杯中,再由洗瓶吹入蒸馏水进行洗涤。这样重复数次。

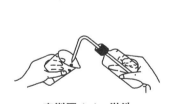

实训图4.4 淋洗

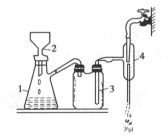

实训图4.5 吸滤装置

实训图4.6 倾析法洗涤

这样洗涤沉淀的好处是:沉淀和洗涤液能很好地混合,杂质容易洗净;沉淀留在烧杯中,只倾出上层清液过滤,滤纸的小孔不会被沉淀堵塞,洗涤液容易过滤,洗涤沉淀的速度较快。

二、离心分离法

少量溶液与沉淀的混合物可用离心机进行离心分离以代替过滤操作,常用的离心机有手摇式(实训图4.7)和电动式(实训图4.8)两种。

实训图4.7　电动离心机

实训图4.8　电动离心机

　　将盛有溶液和沉淀的混合物的离心管放入离心机的试管套筒内,为了防止由于两支管套中质量不均衡所引起的振动而造成轴的磨损,必须在放入离心管的对面位置上,放一同样大小的试管,内中装有与混合物等体积的水,以保持平衡。

　　为了防止两支管套中质量不均衡所引起的振动而造成轴的磨损,必须在放入离心管的对面位置上,放一同样大小的试管,内装有与混合物等体积的水,以保持平衡(电动式离心机的使用方法和注意事项与手摇式离心机基本相同)。

　　离心操作完毕后,从套管中取出离心试管,再取一小滴管,先捏紧其橡皮头,然后插入试管中,插入的深度以尖端不接触沉淀为限。然后慢慢放松捏紧的橡皮头,吸出溶液,移去。这样反复数次,尽可能把溶液移去,留下沉淀。

　　如要洗涤试管中存留的沉淀,可由洗瓶挤入少量蒸馏水,用玻璃棒搅拌,再进行离心沉降后按上法将上层清液尽可能地吸尽。重复洗涤沉淀2~3次。

任务三　粗盐提纯

一、实训目的

　　1.理解过滤法分离混合物的化学原理。

　　2.体会过滤的原理在生活生产等社会实际中的应用。

二、技能要求

　　掌握溶解、过滤、蒸发等实验的操作技能。

三、实训原理

粗盐中含有泥沙等不溶性杂质,以及可溶性杂质可以用溶解、过滤的方法除去,然后蒸发水分得到较纯净的精盐。

四、实训仪器和试剂

1.试剂:粗盐、水。

2.仪器:托盘天平(分析天平)、量筒、烧杯、玻璃棒、药匙、布氏漏斗、加热台、坩埚钳、滤纸、剪刀、减压抽滤机。

五、实训操作

1.溶解。用托盘天平称取 5.0 g 粗盐(精确到 0.1 g),用量筒量取 15 ml 蒸馏水倒入烧杯里,用药匙将粗盐加入水中(观察发生的现象),再加入粗盐,边加边用玻璃棒搅拌,直到加完为止(观察溶液是否浑浊)。

2.过滤。将粗盐水倒入已经准备好的减压抽滤机上,进行过滤,收集滤液,仔细观察布氏漏斗的滤纸上的剩余物及滤液的颜色。

3.蒸发。将烧杯中的澄清滤液及烧杯一起放在加热台上进行加热,同时用玻璃棒不断搅拌滤液,等到烧杯中出现较多量固体时,停止加热,利用余热使滤液蒸干。

4.用玻璃棒把固体转移到纸上,称量后,回收到教师指定的容器,比较提纯前后食盐的状态并计算精盐的产率。

六、思考题

1.怎样除去粗食盐中不溶性的杂质?

2.试述除去粗食盐中杂质 Mg^{2+}、Ca^{2+}、K^+ 和 SO_4^{2-} 等离子的方法,并写出有关反应方程式。

3.怎样检验提纯后的食盐的纯度?

任务四　硫酸铜的提纯

一、实训目的

1.通过氧化反应及水解反应了解提纯硫酸铜的方法。

2.练习台秤的使用以及过滤、蒸发、结晶等基本操作。

二、技能要求

1.掌握用化学法提纯硫酸铜的原理与方法。

2.练习并初步学会无机制备的基本操作。

三、实训原理

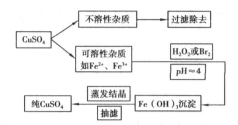

四、实训仪器与试剂

1. 试剂：HCl（2 mol/L）、H_2SO_4（1 mol/L）、$NH_3 \cdot H_2O$（6 mol/L）、$NaOH$（1 mol/L）、$KSCN$（1 mol/L）、H_2O_2（3%）、粗硫酸铜。

2. 设备：台秤、研钵、漏斗和漏斗架、布氏漏斗、吸滤瓶、蒸发皿、真空泵。

五、实训操作

称取 9 g 粗硫酸铜晶体，在研钵中研细后，再称取其中 8 g 作提纯用，余下 1 g 用以比较提纯前后硫酸铜中的杂质铁离子含量的多少。

（1）粗硫酸铜提纯过程

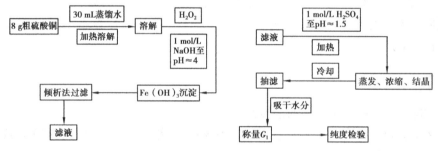

（2）硫酸铜纯度检验

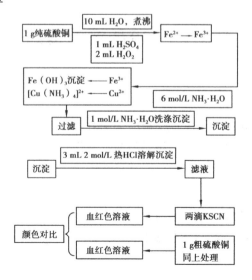

六、注意事项

1. 粗硫酸铜晶体要充分溶解。
2. pH 值的调整。
3. 倾析法过滤操作的要领。
4. 浓缩、结晶程度的掌握。

七、数据处理

产率计算。

八、问题与思考

1. 粗硫酸铜中杂质 Fe^{2+} 为什么要氧化为 Fe^{3+} 除去？
2. 除去 Fe^{3+} 时，为什么要调节 pH 值为 4 左右？pH 值太大或太小有什么影响？
3. 怎样鉴定提纯后硫酸铜的纯度？

任务五　水合氯化钡中钡含量的测定

一、实验目的

1. 掌握沉淀的过滤、洗涤、干燥和灼烧等基本操作。
2. 学会数据处理。

二、实验原理

$BaSO_4$ 称量法既可用于测定 Ba^{2+} 的含量，也可用于测 SO_4^{2-} 定的含量。称取一定量的 $BaCl_2 \cdot 2H_2O$，用水溶解，加稀 HCl 溶液酸化，加热至近沸，一边搅拌，一边慢慢地加入稀、热的 H_2SO_4 溶液，Ba^{2+} 与 SO_4^{2-} 反应，形成晶形沉淀。沉淀经陈化、过滤、洗涤、烘干、炭化、灰化，灼烧后，以 $BaSO_4$ 形式称量，可求出氯化钡的含量。

$BaSO_4$ 溶解度很小，25 ℃时仅溶解 0.25 mg/100 mL H_2O。当过量沉淀剂存在时，其溶解度一般可忽略不计。

用 $BaSO_4$ 质量法测定 Ba^{2+} 时，一般用稀 H_2SO_4 溶液作沉淀剂。为了使 $BaSO_4$ 沉淀完全，H_2SO_4 必须过量。由于 H_2SO_4 在高温下可挥发除去，因此沉淀带下的 H_2SO_4 不会引起误差，沉淀剂可过量 50% ~100%。

三、实验仪器及药品

1. 仪器:分析天平、瓷坩埚(30 mL)、定量滤纸(慢速或中速)、玻璃漏斗、马弗炉、烧杯(250 mL)、量筒(100 mL)、小滴管、表面皿、玻璃棒。
2. 药品:$BaCl_2 \cdot 2H_2O$ 试样(AR);H_2SO_4 溶液(1 mol/L,0.1 mol/L);HCl 溶液(2 mol/L);

HNO_3 溶液(2 mol/L);$AgNO_3$ 溶液(0.1 mol/L)。

四、实验步骤

1. 称样及沉淀的制备

(1)准确称取 0.4 ~ 0.6 g $BaCl_2 \cdot 2H_2O$ 试样,置于 250 mL 烧杯中,加入约 100 mL 水,3 mL 2 mol/L HCl 溶液,搅拌溶解,加热至近沸。

(2)另取 1 mol/L 的 H_2SO_4 4 mL 溶液于 100 mL 烧杯中,加水约 30 mL,加热至近沸。在不断搅拌下,趁热将 H_2SO_4 溶液用小滴管逐滴加入热的钡盐溶液中,直至 H_2SO_4 溶液加完为止。

(3)待 $BaSO_4$ 沉淀下沉后,于上层清液中加入 1 ~ 2 滴 0.1 mol/L 稀 H_2SO_4 溶液,仔细观察沉淀,若无浑浊,表示沉淀完全,盖上表面皿(切勿将玻璃棒拿出杯外),放置过夜陈化,或在水浴上陈化 45 min 左右。

2. 沉淀的过滤和洗涤

(1)将沉淀用慢速或中速滤纸倾析法过滤。用稀 H_2SO_4 溶液洗涤沉淀 3 ~ 4 次,每次约 10 mL。

(2)小心地将沉淀定量转移到滤纸上,并用折叠滤纸时撕下的小片滤纸擦拭杯壁后将此小片滤纸放于漏斗中,再用稀 H_2SO_4 溶液洗涤,直至洗涤液中不含 Cl^- 为止(检查方法,用试管收集 2 mL 滤液,加 1 滴 2 mol/L HNO_3 溶液酸化,加入两滴 $AgNO_3$ 溶液,若无白色浑浊产生,表示 Cl^- 已洗净)。

3. 瓷坩埚的准备

(1)将洗净瓷坩埚放在 800 ~ 850 ℃ 的马弗炉中灼烧 30 ~ 40 min 后,在空气中稍冷,再放入干燥器中冷却至室温,称量。

(2)第二次再灼烧 15 ~ 20 min 再冷却,称量,直至恒重,记为 m_1。

4. 沉淀的灼烧和恒重

将沉淀和滤纸取出、包好置于已恒重的瓷坩埚中,经烘干、炭化、灰化后移入马弗炉中,于 800 ~ 850 ℃ 灼烧。第一次灼烧 30 ~ 40 min,第二次灼烧 15 ~ 20 min,直至恒重,记为 m_2。平行测定两次。

五、实验数据的记录与整理

1. 计算公式

$$\omega_{Ba} = \frac{(m_2 - m_1)F}{m_{试样}} \times 100\%$$

式中　m_1——空坩埚的质量,g;

m_2——坩埚和硫酸钡的质量,g;

$m_{试样}$——氯化钡试样的质量,g;

F——换算因子。

2. 数据记录及处理(实训表 4.1)

实训表 4.1 BaCl 中钡含量的测定记录

项目	1	2
m_1/g		
m_2/g		
$m_{试样}/g$		
$\omega_{Ba}/\%$		

六、注意事项

1. 实验前,应预习和本实验有关的基本操作相关内容。

2. 注意质量法的基本操作。

3. 溶液加热近沸,但不应煮沸,防止溶液溅失。

4. 检查滤液中的 Cl^- 时,用小表面皿收集 10~15 滴滤液,加 2 滴 $AgNO_3$ 溶液,观察是否出现浑浊,若有浑浊则需继续洗涤。

5. $BaSO_4$ 沉淀必须完全,否则会引起较大误差。

6. 两次质量之差在 0.2 mg 以下,即认为达到恒重。

7. 取放坩埚用坩埚钳。

8. $BaSO_4$ 沉淀的灼烧温度应控制在 800~850 ℃,否则,$BaSO_4$ 将与碳作用而被还原。

9. 将实验结果填写在实验数据表格中,给出结论并对结果进行评价。

10. 书写实验报告要认真,原始数据不得涂改,注意有效数字的运用。

11. 写出检验报告。

实训五 容量仪器的校准

◇ 知识目标

- 学习滴定管、移液管、容量瓶的校准方法。
- 了解容量器皿校准的意义,并在实践中应用。

◇ 能力目标

- 掌握滴定管、容量瓶、移液管的使用方法。
- 学会滴定管、容量瓶、移液管的校准方法。
- 能在实践中熟练应用。

◇ 思政目标

- 立德树人,培养高技术创新型人才。
- 刻苦学习,不断改进,增强自主学习能力。

任务　容量仪器的使用及校准方法

一、实验目的

1. 掌握滴定管、容量瓶、移液管的使用方法。
2. 学会滴定管、容量瓶、移液管的校准方法。
3. 能在实践中熟练应用。

二、实验原理

滴定管、移液管和容量瓶是滴定分析法所用的主要量器。容量器皿的容积与其所标出的体积并非完全相符合。在准确度要求较高的分析工作中，必须对容量器皿进行校准。由于玻璃具有热胀冷缩的特性，在不同的温度下容量器皿的体积有所不同。因此，校准玻璃容量器皿时，必须规定一个共同的温度值，这一规定温度值称为标准温度。国际上规定玻璃容量器皿的标准温度为 20 ℃，即在校准时都将玻璃容量器皿的容积校准到 20 ℃时的实际容积。

容量器皿常采用两种校准方法。

（一）容量瓶的校准

1. 相对校准

要求两种容器体积之间有一定的比例关系时，常采用相对校准的方法。例如，25 mL 移液管量取液体的体积应等于 250 mL 容量瓶量取体积的 10%。

2. 绝对校准

绝对校准是测定容量器皿的实际容积。常用的校准方法为衡量法，又称为称量法，即用天平称得容量器皿容纳或放出纯水的质量，然后根据水的密度，计算出该容量器皿在标准温度 20 ℃时的实际体积。由质量换算成容积时，需考虑以下 3 个方面的影响：

①水的密度随温度的变化。

②温度对玻璃器皿容积胀缩的影响。

③在空气中称量时空气浮力的影响。

为了方便计算，将上述 3 种因素综合考虑，得到一个总校准值。经总校准后的纯水密度列于实训表 5.1 中（空气密度为 0.001 2 g/cm^3，钙钠玻璃体膨胀系数为 2.6×10^5 ℃）。

实际应用时，只要称出被校准的容量器皿容纳和放出纯水的质量，再除以该温度时纯水的密度值，便是该容量器皿在 20 ℃时的实际容积。

例 1　在 18 ℃，某一 50 mL 容量瓶容纳纯水质量为 49.87 g，计算出该容量瓶在 20 ℃时的实际容积。

解：查表得 18 ℃时水的密度为 0.997 5 g/mL，在 20 ℃时容量瓶的实际容积 V_{20} 为

$$V = \frac{m}{p} = \frac{49.87}{0.997\ 5} = 49.99 \text{ mL}$$

3. 溶液体积对温度的校正

容量器皿是以 20 ℃为标准来校准的，使用时则不一定在 20 ℃，容量器皿的容积以及溶液的体积都会发生改变。玻璃的膨胀系数很小，在温度相差不太大时，容量器皿的容积改变可以忽略。溶液的体积与密度有关，可以通过溶液密度来校准温度对溶液体积的影响。稀溶

液的密度一般可用相应水的密度来代替。

实训表 5.1　不同温度下纯水的密度值

温度/℃	质量/g	温度/℃	质量/g	温度/℃	质量/g
0	998.24	14	998.04	28	995.44
1	998.32	15	997.93	29	995.18
2	998.39	16	997.80	30	994.91
3	998.44	17	997.65	31	994.64
4	998.48	18	997.51	32	994.34
5	998.50	19	997.34	33	994.06
6	998.51	20	997.18	34	993.75
7	998.50	21	997.00	35	993.45
8	998.48	22	996.80	36	993.12
9	998.44	23	996.60	37	992.80
10	998.39	24	996.38	38	992.46
11	998.32	25	996.17	39	992.12
12	998.23	26	995.93	40	991.77
13	998.14	27	995.69		

例 2　在 10 ℃时滴定用去 25.00 mL 0.1 mol/L 标准溶液,问 20 ℃时其体积应为多少?

解:0.1 mol/L 稀溶液的密度可用纯水密度代替,查实训表 5.1 得,水在 10 ℃时校准值是 1.45,在 20 ℃时其体积为

$$25.00 + \frac{1.45 \times 25.00}{1\ 000} = 25.04$$

即 25.04 mL。

(二)滴定管的校准

将待检定的滴定管充分洗净,并在活塞上涂凡士林后,加水调至滴定管"零"处(加入水的温度应当与室温相同)。记录水的温度,将滴定管尖外面水珠除去,然后以滴定速度放出 10 mL 水(不必恰等于 10 mL,但相差也不应大于 0.1 mL),置于预先准确称过质量的 50 mL 具有玻塞的锥形瓶中(锥形瓶外壁必须干燥,内壁不必干燥),将滴定管尖与锥形瓶内壁接触,收集管尖余滴。1 min 后读数(准确到 0.01 mL),并记录,将锥形瓶玻塞盖上,再称出它的质量,并记录,两次质量之差即为放出的水的质量。由滴定管中再放出 10 mL 水(即放至约 20 mL 处)于原锥形瓶中,用上述同样方法称量,读数并记录。同样,每次再放出 10 mL 水,即从 20 mL 到 30 mL,30 mL 到 40 mL,直至 50 mL 为止。用实验温度时 1 mL 水的质量(查实训表 5.2 数据)来除以每次得到的水的质量,即可得相当于滴定管各部分容积的实际毫升数(即 20 ℃时的真实容积)。

溶液体积对温度的校正容量器皿是以 20 ℃为标准来校准的,使用时则不一定在 20 ℃,容量器皿的容积以及溶液的体积都会发生改变。玻璃的膨胀系数很小,在温度相差不太大时,

容量器皿的容积改变可以忽略。稀溶液的密度一般可用相应水的密度来代替(实训表5.2)。

实训表5.2   不同温度下每1 000 mL水(或稀溶液)换算到20 ℃时的校准值

温度/℃	水,0.1 moL/L HCl 0.01 moL/L溶液(ΔV/mL)	0.1 moL/L溶液(ΔV/mL)
5	+1.5	+1.7
10	+1.3	+1.45
15	+0.8	+0.9
20	+0.0	+0.0
25	−1.0	−1.1
30	−2.3	2.5

先将干净并且外部干燥的50 mL容量瓶在天平上称量,准确称至小数点后第二位(0.01 g)。将去离子水装满欲校准的酸式滴定管,调节液面至0.00刻度处,记录水温,然后按约10 mL/min的流速,放出10 mL(要求在10 mL±0.1 mL范围内)水于已称过质量的容量瓶中,盖上瓶塞,再称出它的质量,两次质量之差即为放出水的质量。用同样的方法称量滴定管中从10 mL到20 mL,20 mL到30 mL……刻度间水的质量。用实验温度时的密度除每次得到水的质量,即可得到滴定管各部分的实际容积。将25 ℃时校准滴定管的实验数据列入实训表5.3中。

实训表5.3   滴定管校正表

(水的温度25 ℃,水的密度为0.996 1 g/cm³)						
滴定管读数	容积/mL	瓶与水的质量/g	水质量/g	实际容积/mL	校准值	累积校准值/mL
0.03		29.20				
10.13	10.10	39.28	10.08	10.12	+0.02	+0.02
20.10	9.97	49.19	9.91	9.95	−0.02	0.00
30.08	9.97	59.18	9.99	10.03	+0.06	+0.06
40.03	9.95	69.13	9.93	9.97	+0.02	+0.08
49.07	9.94	79.01	9.88	9.92	−0.02	+0.06

例如,25 ℃时由滴定管放出10.10 mL水,其质量为10.08 g,算出这一段滴定管的实际体积为

$$V_{25} = \frac{10.08}{0.996\ 1} = 10.12(\text{cm}^3)$$

滴定管这段容积的校准值为10.12−10.10 = +0.02(mL)。

碱式滴定管的检定方法与酸式滴定管相同。

现将在温度为25 ℃时检定滴定管的一组实验数据列于实训表5.3中。

最后一项总校准值,如0 mL与10 mL之间为+0.02 mL,而10 mL与20 mL之间的校准值

为-0.02 mL,则0 mL到20 mL之间总校准值为

$$+0.02 + (-0.02) = 0.00$$

由此即可校准滴定时所用去的溶液的实际量(毫升数)。

例3　在10 ℃时滴定用去25.00 mL 0.1 mol/L标准溶液,问20 ℃时其体积应为多少?

解:0.1 mol/L稀溶液的密度可以用纯水密度代替,如25 ℃时由滴定管放出10.10 mL水,其质量为10.80 g,算出这一段滴定管的实际体积为10.80/0.996 17＝10.84 mL。

滴定管这段容积的校准值为10.84-10.10＝-0.06 mL。

(三)移液管的校准

1.移液管(单标线吸量管)的校准

取一个50 mL洗净晾干的具塞锥形瓶,在分析天平上称量至mg位。用铬酸洗液洗净20 mL移液管,吸取纯水(盛在烧杯中)至标线以上几毫米,用滤纸片擦干管下端的外壁,将流液口接触烧杯壁,移液管垂直,烧杯倾斜约30°。调节液面使其最低点与标线上边缘相切,然后将移液管移至锥形瓶内,使流液口接触磨口以下的内壁(勿接触磨口),使水沿壁流下,待液面静止后,再等15 s。在放水及等待过程中,移液管要始终保持垂直,流液口一直接触瓶壁,但不可接触瓶内的水,锥形瓶保持倾斜。放完水随即盖上瓶塞,称量至mg位。两次称得质量之差即为释出纯水的质量m_w。重复操作一次,两次释出纯水的质量之差,应小于0.01 g。将温度计插入5~10 min,测量水温,读数时不可将温度计下端提出水面。由实训表5.1查出该温度下纯水的密度ρ_w,并利用下式计算移液管的实际容量为

$$v = \frac{m_w}{\rho_w}$$

2.移液管的校准

将25 mL移液管洗净,吸取去离子水调节至刻度,放入已称量的容量瓶中,再称量,根据水的质量计算在此温度时的实际容积。两支移液管各校准2次,对同一支移液管两次称量差不得超过20 mg,否则重做校准。测量数据按实训表5.4记录和计算。

实训表5.4　检定记录表

	水的温度= ℃,水的密度= g/mL					
移液管编号	移液管容积/g	容量瓶质量/g	瓶+水的质量/g	水质量/g	实际容积/mL	校准值/mL
1						
2						

检定时注意事项:

①量器必须保证洁净。

②严格按照容量量器使用方法读取容积读数。

③水和被检量器的温度尽可能接近室温,温度测量精度为0.1 ℃。

④检定滴定管时,加水至取高标线以上约 5 mm 处,静置 30 s,然后慢慢地将液面准确地调至零位,按规定的流出时间让水流出在 10 s 内将液面调至被检分度线。

⑤检定单标线吸管和完全流出式分度吸管时,按单标线吸管移取溶液的规范化操作进行,待水自标线流至出口端不流时再等待 15 s。

⑥检定不完全流出式分度吸管时,水自最高标线流至最低标线上约 5 mm 处,等待 15 s,然后调至最低标线。

(四)容量瓶与移液管的相对校准

用 25 mL 移液管吸取去离子水注入洁净并干燥的 250 mL 容量瓶中(操作时切勿让水碰到容量瓶的磨口)。重复 10 次,然后观察溶液弯月面下缘是否与刻度线相切,若不相切,另作新标记,经相互校准后的容量瓶与移液管均作上相同记号,可配套使用。

在实际工作中滴定管和单标线吸管一般采用绝对检定法,对配套使用的吸管和容量瓶采用相对检定法。

将 25 mL 移液管洗净,吸取去离子水调节至刻度,放入已称量的锥形瓶中,再称量,根据水的质量计算在此温度时的实际容积。2 支移液管各校准 2 次,对同一支移液管两次称量差不得超过 20 mg,否则重做校准。测量数据按实训表 5.5 记录和计算。

实训表 5.5　移液管校准表

（水的温度＝　　℃,密度＝　　g/cm³）				
移液管编号	容量瓶质量/g	瓶与水的质量/g	水质量/g	实际容积/mL	校准值/mL
1					
2					

三、思考题

1. 容量仪器为什么要校准?

2. 称量纯水所用的具塞锥形瓶为什么要避免将磨口部分和瓶塞沾湿?

3. 本实验称量时,为何只要求称准到 mg 位?

4. 分段校准滴定管时,为何每次都要从 0.00 mL 开始?

实训六　标准溶液的配制与标定

◇ **知识目标**

- 掌握配制标准溶液的操作及数据处理。
- 熟悉标准溶液的配制方法。

- 了解基准物质的性质。

◇ 能力目标

- 能够配制一定浓度的标准溶液。
- 能够正确地进行容量瓶的操作。
- 能够正确地进行定容。

◇ 思政目标

- "三化"思想:抽象问题形象化、理论问题生活化、复杂问题简单化。
- "三心":滴定过程保持耐心、对滴定结果要有信心、数据处理务必细心。
- 生态环境意识:实验操作过程中严格控制污染环境试剂的使用,正确处理实验废液。

在滴定分析中用标准溶液来滴定被测组分,并以它的浓度和用量来计算被测组分的含量。标准溶液的浓度准确与否是一个重要的问题,标准溶液的配制是滴定分析中首先要解决的问题。

标准溶液的配制可分为直接配制法和间接配制法。

1. 直接配制法

在分析天平上准确称量一定量的基准物质,溶解后在容量瓶中稀释到所需的体积,然后算出该溶液的准确浓度,如 $K_2Cr_2O_7$ 标准溶液的配制。直接法只适用于基准物。它所使用的仪器是精密的,即称量用分析天平,稀释用容量瓶。

2. 间接配制法

粗配一定浓度的溶液,然后用基准物标定,如 NaOH 标准溶液的配制。所谓粗配是指使用工具的粗糙,即称量用台秤,稀释用量筒,其准确浓度最终要标定来确定,但是粗配绝不是粗心大意任意配制。

任务一　重铬酸钾标准溶液的配制

一、实验目的

1. 掌握标准溶液配制的基本过程及操作。
2. 学会标准溶液的配制方法。

二、实验原理

能够直接配制或标定标准溶液的物质称为基准物质。基准物质必须具备以下几个条件:①具有足够的纯度。纯度要求达到99.9%以上。②组成与化学式相符。若含结晶水,其含量也应与化学式相符。③稳定。不能在称量或保存时发生分解、化合或吸湿等。④有较大的摩尔质量。摩尔质量大,所需的称量量就大,则称量的相对误差较小。$K_2Cr_2O_7$ 是常见的基准物质,可以直接配制标准溶液。它所使用的仪器是精密的,即称量用分析天平,稀释用容量瓶。

三、仪器与药品

1. 仪器:分析天平、烘箱、称量瓶、100 mL 烧杯 1 个、250 mL 容量瓶 1 个。

2.试剂:$K_2Cr_2O_7$(固、基准物质)。

四、实验步骤

1.0.016 67 mol/L $K_2Cr_2O_7$ 标准溶液的配制

(1)将 $K_2Cr_2O_7$ 在150~180 ℃干燥2 h,置于干燥器中冷却至室温。

(2)用分析天平准确称取1.2 ~1.3 g $K_2Cr_2O_7$ 于100 mL 小烧杯中,加水溶解,定量转移至250 mL 容量瓶中,加水稀释至刻度,摇匀备用。

2.$K_2Cr_2O_7$ 标准溶液浓度计算

$$c_{(K_2Cr_2O_7)} = \frac{m_{(K_2Cr_2O_7)} \times 1\,000}{M_{(K_2Cr_2O_7)} \times 250}$$

式中 $c_{(K_2Cr_2O_7)}$——$K_2Cr_2O_7$ 标准溶液的量浓度,mol/L;

$m_{(K_2Cr_2O_7)}$——基准物质 $K_2Cr_2O_7$ 质量,g;

$M_{(K_2Cr_2O_7)}$——$K_2Cr_2O_7$ 物质的摩尔质量,g/mol。

五、注意事项

1.重铬酸钾有毒,称量时佩戴口罩和手套。

2.溶解时注意定容体积,少量多次转移。

3.容量瓶在使用前需要试漏,转移到1/3处时平摇,接近刻度线,改用胶头滴管定容。

4.定容至刻度线,盖上瓶塞,反复倒置摇匀,接收后打开瓶塞放气。

六、思考题

1.配制0.05 mol/L $K_2Cr_2O_7$ 标准溶液的步骤有哪些?

2.$K_2Cr_2O_7$ 标准溶液配制应该注意哪些问题?

任务二　铁矿石中铁含量的测定(重铬酸钾法)

一、实验目的

1.了解重铬酸钾法测定铁矿石中铁含量的原理。

2.熟悉氧化还原滴定法的滴定原理。

3.掌握重铬酸钾法测定铁矿石中铁含量的操作及正确表示实验结果。

二、实验原理

粉碎到一定粒度的铁矿石用热的盐酸分解:

$$Fe_2O_3 + 6H^+ = 2Fe^{3+} + 3H_2O$$

试样分解完全后,在体积较小的热溶液中,加入 $SnCl_2$ 将大部分 Fe^{3+} 还原为 Fe^{2+},溶液由红棕色变为浅黄色,然后以 Na_2WO_4 为指示剂,用 $TiCl_3$ 将剩余的 Fe^{3+} 全部还原成 Fe^{2+},当 Fe^{3+}

定量还原为 Fe^{2+} 之后,过量 $1 \sim 2$ 滴 $TiCl_3$ 溶液,即可使溶液中的 Na_2WO_4 还原为蓝色的五价钨化合物,俗称"钨蓝",指示溶液呈蓝色,滴入少量 $K_2Cr_2O_7$,使过量的 $TiCl_3$ 氧化,"钨蓝"刚好褪色。在无汞测定铁的方法中,常采用 $SnCl_2$-$TiCl_3$ 联合还原,其反应方程式为

$$2Fe^{3+}+SnCl_4^{2-} = 2Fe^{2+}+SnCl_6^{2-}$$

$$Fe^{3+}+Ti^{3+}+H_2O = Fe^{2+}+TiO_2^{+}+2H^{+}$$

此时试液中的 Fe^{3+} 已被全部还原为 Fe^{2+},加入硫-磷混酸和二苯胺磺酸钠指示剂,用标准重铬酸钾溶液滴定至溶液呈稳定的蓝紫色即为终点,在酸性溶液中,滴定 Fe^{2+} 的反应式为

$$Cr_2O_7^{2-}+6Fe^{2+}+14H^{+} = 6Fe^{3+}+2Cr^{3+}+7H_2O$$

在滴定过程中,不断产生的 Fe^{3+}(黄色)对终点的观察有干扰,通常用加入磷酸的方法,使 Fe^{3+} 与磷酸形成无色的 $[Fe(HPO_4)_2]^{-}$ 配合物,消除 Fe^{3+}(黄色)的颜色干扰,便于观察终点。同时生成了 $[Fe(HPO_4)_2]^{-}$,Fe^{3+} 的浓度大量下降,避免了二苯磺酸钠指示剂被 Fe^{3+} 氧化而过早地改变颜色,使滴定终点提前到达,提高了滴定分析的准确性。

三、仪器和药品

1. 仪器:分析天平、容量瓶(250 mL)、烧杯(100 mL)、加热装置、蒸馏水、烘箱、干燥器、表面皿、酸式滴定管(50 mL)、洗瓶、洗耳球、凡士林、锥形瓶(250 mL)、量筒(10 mL)。

2. 药品:$K_2Cr_2O_7$(s)、HCl(1+1)、$K_2Cr_2O_7$ 标准溶液(0.02 mol/L)、$SnCl_2$ 溶液(10%)、$TiCl_3$ 溶液(1+9)、Na_2WO_4 溶液(10%)、硫酸-磷酸混合液、蒸馏水、二苯胺磺酸钠指示剂(0.5%)、$KMnO_4$ 溶液(1%)。

四、操作步骤

1. 0.02 mol/L $K_2Cr_2O_7$ 标准溶液的配制

(1)将 $K_2Cr_2O_7$ 在 $150 \sim 180$ ℃ 干燥 2 h,置于干燥器中冷却至室温。

(2)用分析天平准确称取 $1.4 \sim 1.5$ g $K_2Cr_2O_7$ 于 100 mL 小烧杯中,加水溶解,定量转移至 250 mL 容量瓶中,加水稀释至刻度,摇匀备用。

2. 铁矿石中铁含量的测定

(1)试样的分解

用分析天平准确称取 $0.2 \sim 0.3$ g 铁矿石试样 2 份,分别置于 2 个 250 mL 锥形瓶中,用少量蒸馏水润湿,加入 20 mL HCl 溶液,盖上表面皿,小火加热至近沸,待铁矿大部分溶解后,缓缓煮沸 $1 \sim 2$ min,以使铁矿分解完全(即无黑色颗粒状物质存在),这时溶液呈棕黄色。用少量蒸馏水吹洗瓶壁和表面皿,加热至沸。

试样分解完全后,样品可以放置。用 $SnCl_2$ 还原 Fe^{3+} 至 Fe^{2+} 时,应特别强调,预处理一份就立即滴定,而不能同时预处理几份并放置,再一份一份地滴定。

(2)Fe^{3+} 的还原

趁热滴加 10% $SnCl_2$ 溶液,边加边摇动,直到溶液由棕黄色变为浅黄色,若 $SnCl_2$ 过量,溶液的黄色完全消失呈无色,则应加入少量 $KMnO_4$ 溶液使溶液呈浅黄色。加入 50 mL 蒸馏水及 10 滴 10% Na_2WO_4 溶液,在摇动下滴加 $TiCl_3$ 溶液至出现稳定的蓝色(即 30 s 内不褪色),

再过量 1 滴。用自来水冷却至室温,小心滴加 $K_2Cr_2O_7$ 溶液至蓝色刚刚消失(呈浅绿色或接近无色)。

(3)滴定

将试液再加入 50 mL 蒸馏水,10 mL 硫-磷混酸及 2 滴二苯胺磺酸钠指示剂,立即用 $K_2Cr_2O_7$ 标准溶液滴定至溶液呈稳定的紫色为终点,记下所消耗的 $K_2Cr_2O_7$ 标准溶液的体积。按照上述步骤测定另一份样品。根据 $K_2Cr_2O_7$ 标准溶液的用量计算出试样中铁(Fe_2O_3 表示)的质量分数。

五、实验数据记录与整理

1. $K_2Cr_2O_7$ 标准溶液浓度的计算

计算公式

$$c_{(K_2Cr_2O_7)} = \frac{m_{(K_2Cr_2O_7)} \times 1\,000}{M_{(K_2Cr_2O_7)} \times 250}$$

式中　$c_{(K_2Cr_2O_7)}$——$K_2Cr_2O_7$ 标准溶液的量浓度,mol/L;

　　　$m_{(K_2Cr_2O_7)}$——基准物质 $K_2Cr_2O_7$ 质量,g;

　　　$M_{(K_2Cr_2O_7)}$——$K_2Cr_2O_7$ 物质的摩尔质量,g/mol。

2. 铁矿石中铁含量测定的数据处理

(1)计算公式

$$\omega_{(Fe_2O_3)} = \frac{6 \cdot c_{(K_2Cr_2O_7)} \times V_{(K_2Cr_2O_7)} \times M_{(Fe_2O_3)}}{2 \times m_{试样} \times 1\,000}$$

式中　$\omega_{(Fe_2O_3)}$——Fe_2O_3 含量;

　　　$c_{(K_2Cr_2O_7)}$——$K_2Cr_2O_7$ 标准溶液的量浓度,mol/L;

　　　$V_{(K_2Cr_2O_7)}$——消耗的 $K_2Cr_2O_7$ 标准溶液的体积,mL;

　　　$M_{(Fe_2O_3)}$——Fe_2O_3 的摩尔质量,g/mol;

　　　$m_{试样}$——铁矿石试样的质量,g。

(2)数据记录与处理

实训表 6.1　铁矿石中铁含量的测定记录

项目		1	2	3
粗称称量瓶+试样质量/g				
倾样前称量瓶+试样质量/g				
倾样后称量瓶+试样质量/g				
$m_{试样}$/g				
$c_{(K_2Cr_2O_7)}$/(mol·L^{-1})				
$K_2Cr_2O_7$ 溶液读数/mL	初读数			
	终读数			
消耗 $V_{(K_2Cr_2O_7)}$/mL				

续表

项目	1	2	3
$\omega_{(Fe_2O_3)}/\%$			
$\overline{\omega}_{(Fe_2O_3)}/\%$			
相对平均偏差/%			

六、注意事项

1. 滴定前的预处理,其目的是要将试液中的铁全部还原为 Fe^{2+},再用 $K_2Cr_2O_7$ 标准溶液测定总铁量。

2. 本实验预处理操作中,不能单独使用 $SnCl_2$ 将试液中的 Fe^{3+} 刚好定量还原,往往会稍过量;过量的 $SnCl_2$ 不能还原 W(Ⅵ) 为 W(Ⅴ) 出现蓝色指示预还原的定量完成;不能单独用 $TiCl_3$ 还原 Fe^{3+},因为加入多量的 $TiCl_3$,在滴定前加水稀释试样时,Ti(Ⅳ) 将水解生成沉淀,影响滴定。目前采用无汞重铬酸钾法测铁时,只能采用 $SnCl_2$-$TiCl_3$ 的联合预还原法,进行测定前的预处理。

七、思考题

1. 简述三氯化钛-重铬酸钾法测定铁含量的原理,写出相应的反应方程式。

2. 滴定前为什么要加入硫磷混酸?

3. 还原 Fe^{3+} 时,为什么要使用两种还原剂,只使用其中的一种有何不妥?

4. 试样分解完,加入硫磷混合酸和指示剂后为什么必须立即滴定?

5. 以 $SnCl_2$ 还原 Fe^{3+} 为 Fe^{2+} 应在什么条件下进行? $SnCl_2$ 加得不足或过量太多,将造成什么后果?

任务三 氢氧化钠标准溶液的配制与标定

一、实验目的

1. 掌握用基准邻苯二甲酸氢钾和比较法标定 NaOH 溶液浓度的方法。

2. 掌握以酚酞为指示剂判断滴定终点。

3. 掌握不含碳酸钠的 NaOH 溶液的配制方法。

二、实验原理

标定 NaOH 标准溶液可用的基准试剂有邻苯二甲酸氢钾、苯甲酸、草酸等,最常用的是邻苯二甲酸氢钾。

$KHC_8H_4O_4$ 基准物容易获得纯品,不吸湿,不含结晶水,容易干燥且分子量大。使用时,一般要在 105～110 ℃下干燥,保存在干燥器中。

$KHC_8H_4O_4$ 基准物标定反应为

$$KHC_8H_4O_4+NaOH =\!=\!=\!= KNaC_8H_4O_4+H_2O$$

该反应是强碱滴定酸式盐,化学计量点时 pH 值为 9.26,可选酚酞为指示剂,用标准 NaOH 溶液滴定到溶液呈现粉红色且 30 s 不褪色即为终点,变色很敏锐。

根据基准邻苯二甲酸氢钾的质量及所用的 NaOH 溶液的体积,计算 NaOH 溶液的准确浓度。

三、仪器与药品

1. 仪器:分析天平、烘箱、称量瓶、1 000 mL 烧杯 1 个、1 000 mL 试剂瓶 1 个(配橡皮塞)、2 500 mL 塑料桶 1 个、50 mL 碱式滴定管 1 支、25 mL 移液管 1 支、250 mL 锥形瓶 3 个、5 mL 量筒 1 个。

2. 试剂:邻苯二甲酸氢钾(固、基准物)、氢氧化钠(固、分析纯)、1% 酚酞乙醇溶液、0.1 mol/L HCl 溶液。

四、实验步骤

氢氧化钠易吸收空气中的水和二氧化碳,不能用直接法配制标准溶液。应粗配一定浓度的溶液,然后用基准物标定。现介绍两种方法进行配制与标定。

(一)NaOH 标准溶液配制与标定

氢氧化钠吸收水和二氧化碳,使其中含有碳酸氢钠($NaHCO_3$)和碳酸钠(Na_2CO_3)。Na_2CO_3 的存在对指示剂的存在影响较大,应先除去。除去 Na_2CO_3 常用的方法是将 NaOH 先配成饱和溶液,Na_2CO_3 在饱和 NaOH 溶液中不溶解会慢慢沉淀出来,可用饱和 NaOH 溶液配制不含 Na_2CO_3 的氢氧化钠溶液。

(1)配制

称取 110 g NaOH 溶于 100 mL 无二氧化碳的蒸馏水中,摇匀,注入聚乙烯容器中,密闭放置至溶液澄清。按实训表 6.2 的规定,用塑料量管量取上层清液,用无二氧化碳的水稀释至 1 000 mL,摇匀。

实训表 6.2　氢氧化钠标准溶液的配制

氢氧化钠标准溶液浓度 $c_{(NaOH)}/(mol \cdot L^{-1})$	氢氧化钠溶液的体积 V/mL
1	54
0.5	27
0.1	5.7

(2)标定

按实训表 6.3 的规定称取于 105~110 ℃电烘箱中干燥至恒重的基准试剂邻苯二甲酸氢钾,用无二氧化碳的蒸馏水溶解,加 2 滴酚酞指示剂(10 g/L),用配制好的氢氧化钠溶液滴定至溶液呈粉红色,并保持 30 s 不褪色。同时做空白试验。

实训表6.3　氢氧化钠标准溶液的标定

氢氧化钠标准溶液浓度 $c_{(NaOH)}/(mol \cdot L^{-1})$	基准试剂邻苯二甲酸氢钾的质量 m/g	无二氧化碳水的体积 V/mL
1	7.5	80
0.5	3.6	80
0.1	0.75	50

（3）实验数据记录与整理

NaOH 标准溶液浓度,按下式计算为

$$c_{(NaOH)} = \frac{m \times 1\,000}{(V_1 - V_2) \times M}$$

式中　$c_{(NaOH)}$——NaOH 标准溶液的浓度,mol/L;

m——KHP 基准试剂的质量,g;

M——KHP 基准试剂的摩尔质量,g/mol;

V_1——NaOH 标准溶液的体积,mL;

V_2——空白实验消耗 NaOH 标准溶液的体积,mL;

1\,000——单位换算系数。

(二)0.1 mol/L NaOH 溶液的配制

用台秤迅速称取 2 g NaOH 固体于 100 mL 小烧杯中,加约 50 mL 无 CO_2 的去离子水溶解,然后转移至试剂瓶中,用去离子水稀释至 500 mL,摇匀后,用橡皮塞塞紧。贴好标签,写好试剂名称、浓度(空一格留待填写准确浓度)、配制日期、班级、姓名等项。

（1）0.1 mol/L NaOH 溶液的标定

①在分析天平上准确称取 3 份 KHP,每份 0.4~0.6 g(准确至 0.000 1 g),分别置于 250 mL 锥形瓶中,加入 40~50 mL 蒸馏水,待试剂完全溶解后,加入 2~3 滴酚酞作指示剂。

②用待标定的 NaOH 溶液滴定至微红色,并保持 30 s 即为终点,计算 NaOH 溶液的浓度和各次标定结果的相对平均偏差,浓度取平均值。

（2）实验数据记录与整理

NaOH 标准溶液浓度的标定

①计算公式

$$c_{(NaOH)} = \frac{m_{(KHP)} \times 1\,000}{M_{(KHP)} \times V_{(NaOH)}}$$

式中　$c_{(NaOH)}$——NaOH 标准溶液的浓度,mol/L;

$m_{(KHP)}$——KHP 基准试剂的质量,g;

$M_{(KHP)}$——KHP 基准试剂的摩尔质量,g/mol;

$V_{(NaOH)}$——NaOH 标准溶液的体积,mL。

②数据记录与处理

实训表 6.4　NaOH 标准溶液浓度标定记录

项目		1	2	3
$m_{(KHP)}$/g				
NaOH 体积/mL	终读数			
	初读数			
	消耗的 NaOH $V_{(NaOH)}$/mL			
$c_{(NaOH)}$/(mol·L^{-1})				
$\bar{c}_{(NaOH)}$/(mol·L^{-1})				
相对平均偏差				

五、注意事项

1.氢氧化钠容易吸湿潮解,称量时要迅速,不能直接接触仪器,需用称量纸或烧杯盛装。

2.氢氧化钠溶解放热,加水溶解时及时搅拌。

3.溶解时使用蒸馏水为无二氧化碳蒸馏水。无二氧化碳水:在普通蒸馏水或去离子水中加几粒玻璃珠,煮沸 15~20 min(或煮沸除去原体积的 1/4),储存于连接碱石灰吸收管的玻璃容器中冷却(以免空气中的二氧化碳重新溶入)即得;在普通蒸馏水或去离子水中通以惰性气体(如纯氮气)剧烈曝气,达到饱和后即除去二氧化碳,得到无二氧化碳水。

4.氢氧化钠不宜长期放置在玻璃瓶中,会有玻璃中的二氧化硅反应,导致瓶口粘连,打不开。

5.滴定至微红色,并保持 30 s 即为终点。

六、思考题

1.为什么要快速称量且不能用天平直接称量氢氧化钠?

2.溶解时,为什么要求是无二氧化碳蒸馏水?

3.饱和氢氧化钠溶液稀释配制氢氧化钠标准溶液和直接称量配制氢氧化钠标准溶液有何区别?

4.为什么不宜长期用玻璃容器盛装氢氧化钠,应该用什么容器盛装?

5.每次使用配制好的溶液应该进行什么操作,为什么?

任务四　盐酸标准溶液的配制与标定

一、实验目的

1.掌握用无水碳酸钠作基准物质标定盐酸溶液的原理和方法。

2.掌握甲基橙指示剂滴定终点的判定。

二、实验原理

由于浓盐酸易挥发放出 HCl 气体,直接配制准确度差,因此配制盐酸标准溶液时需用间接配制法。标定盐酸的基准物质常用无水碳酸钠和硼砂等,本实验采用无水碳酸钠为基准物质,以甲基橙指示剂指示终点,终点颜色由黄色变为橙色。

用 Na_2CO_3 标定时反应为

$$2HCl+Na_2CO_3 \Longrightarrow 2NaCl+H_2O+CO_2 \uparrow$$

三、仪器和药品

1.仪器:万分之一分析天平、酸式滴定管(50 mL)、锥形瓶(250 mL)、量筒(100 mL、10 mL)、试剂瓶(500 mL)、烧杯(250 mL)。

2.试剂:盐酸(A.R)、无水碳酸钠(基准物质)、甲基橙指示剂。

四、内容及步骤

1.0.1 mol/L HCl 溶液的配制

用洁净量筒量取浓 HCl 约4.5 mL 倒入 500 mL 试剂瓶中,用去离子水稀释至 500 mL,盖上玻璃塞,充分摇匀。贴好标签,备用。

2.0.1 mol/L HCl 溶液的标定

(1)用称量瓶按减称量法称取在 270～300 ℃ 灼烧至恒重的基准无水碳酸钠0.15～0.22 g(称准至 0.000 2 g),放入 250 mL 锥形瓶中,以 25 mL 蒸馏水溶解,加甲基橙指示剂2 滴。

(2)用0.1 mol/L 盐酸溶液滴定至溶液由黄色变为橙色即为指示终点(近终点时剧烈摇动,或加热至沸,使 CO_2 分解)。记下消耗溶液的体积,计算 HCl 标准溶液的准确浓度(另做一份空白实验)。

(3)平行测定 3 次。平行测定 3 次的算术平均值为测定结果。

五、实验结果记录与计算

HCl 标准溶液的标定:

(1)计算公式

$$c_{(HCl)} = \frac{2m_{(Na_2CO_3)}}{M_{(Na_2CO_3)} V_{(HCl)} \times 10^{-3}}$$

式中 $c_{(HCl)}$——HCl 标准溶液的浓度,mol/L;

$m_{(Na_2CO_3)}$——Na_2CO_3 基准试剂的质量,g;

$M_{(Na_2CO_3)}$——Na_2CO_3 基准试剂的摩尔质量,g/mol;

$V_{(HCl)}$——HCl 溶液的用量,mL。

（2）数据记录与处理

实训表 6.5　HCl 标准溶液浓度标定记录

项目		1	2	3
$m_{(Na_2CO_3)}/g$				
HCl 体积/mL	终读数			
	初读数			
	消耗的 HCl $V_{(HCl)}/mL$			
$c_{HCl}/(mol \cdot L^{-1})$				
$\bar{c}_{HCl}/(mol \cdot L^{-1})$				
极差				

六、注意事项

1.浓盐酸易挥发,具有腐蚀性,应戴上手套在通风处进行。

2.溶液稀释过程中将浓盐酸缓慢倒入水中,并不断搅拌。

3.正确选择指示剂,准确判断滴定终点。

七、思考题

1.为什么稀释过程中将浓盐酸缓慢倒入水中,并不断搅拌?

2.能不能用标定好的浓盐酸标定氢氧化钠溶液?应如何操作?

3.分析:0.1 mol/L HCl 溶液的配制时用洁净量筒量取浓 HCl 约 4.5 mL 倒入 500 mL 试剂瓶中,用去离子水稀释至 500 mL,盖上玻璃塞,充分摇匀。

（1）为什么选用量筒而不是移液管?移液管可不可以?

（2）为什么将水倒入盐酸溶液中?

（3）为什么用的是试剂瓶而不是容量瓶?

任务五　酸碱标准溶液的应用——食醋中总酸量的测定

一、实验目的

1.掌握食醋中总酸量测定的基本原理和方法。

2.掌握碱式滴定管的操作。

3.掌握滴定终点的判断方法。

二、实验原理

食醋的主要成分是醋酸（HAc,其含量为 3% ~5% ）,另外还有少量的其他有机弱酸,如乳

酸等。用 NaOH 标准溶液进行滴定时,试样中解离常数 $K_a>10^{-7}$ 的弱酸都可以被滴定,其滴定反应为

$$NaOH+HAc \Longrightarrow NaAc+H_2O$$
$$nNaOH+H_nA \Longrightarrow Na_nAc+nH_2O$$

　　此法测定的为食醋中的总酸量。分析结果通常用含量最多的 HAc 表示。本实验滴定类型属强碱滴定弱酸,滴定突跃在碱性范围,其理论终点的 pH 值为 8.7 左右,可选用酚酞作为指示剂。

　　标准溶液的配制方法有两种,即直接法和间接法。只有基准物质才能采用直接法配制标准溶液,非基准物质必须采用间接法配制,即先配成近似浓度,然后再标定。本实验所用的 NaOH 标准溶液要采用间接法配制。常用邻苯二甲酸氢钾和草酸等作为基准物质标定 NaOH 标准溶液。化学计量点时,溶液 pH 值约为9.1,可用酚酞作指示剂。

三、仪器与试剂

　　1.仪器:托盘天平(公用)、分析天平、烧杯(100 mL)、量筒(100 mL)、洗瓶、玻璃棒、滤纸片、50 mL 碱式滴定管、锥形瓶、容量瓶(250 mL)、移液管。

　　2.试剂:NaOH、邻苯二甲酸氢钾、酚酞指示剂(0.2%乙醇溶液)、蒸馏水、食醋样品。

四、实验步骤

　　1.0.1 mol/L NaOH 溶液的配制与标定

　　具体操作见"任务三　氢氧化钠标准溶液的配制与标定"。

　　2.用移液管准确吸取食用白醋 25.00 mL 于 250 mL 容量瓶中,以新煮沸并冷却的蒸馏水稀释至刻度,摇匀。

　　3.用移液管准确吸取 25.00 mL 稀释过的醋样于 250 mL 锥形瓶中,加酚酞指示剂 2～3 滴,用已标定的 NaOH 标准溶液滴定至溶液呈粉红色,并在 30 s 内不褪色,即为滴定终点。

　　4.根据 NaOH 溶液的用量,计算食醋的总酸量。平行测定 3 次,相对平均偏差应小于0.2%。

五、实验数据记录及处理

　　1.NaOH 标准溶液浓度的标定见"任务三　氢氧化钠标准溶液的配制与标定"

　　2.食醋中总酸量的测定

　　(1)计算公式

　　食醋中总酸量以乙酸含量表示,其计算公式为

$$w_{HAc} = \frac{(c \cdot V)_{(NaOH)} \times M_{(HAc)}}{V_{食醋}} \times 稀释倍数$$

　　(2)数据记录与处理

实训表 6.6   食醋中总酸度的测定记录

项目		1	2	3
$V_{(HAc)}$/mL		25.00	25.00	25.00
NaOH 溶液读数/mL	终读数			
	初读数			
消耗 NaOH 溶液体积 $V_{(NaOH)}$/mL				
$\overline{V}_{(NaOH)}$/mL				
$w_{(HAc)}/(g \cdot L^{-1})$				
相对平均偏差				

六、思考题

食醋测定前为什么要稀释?

实训七   样品制备

◇ 知识目标

- 掌握土壤样品的采集技术、制备技术和保存技术。
- 掌握土壤样品采集、制备、保存的工具及方法。
- 熟悉土壤样品采集、制备、保存的注意事项。

◇ 能力目标

- 能够运用采集方法采集土壤试样。
- 能够正确使用采集工具。
- 能够对土壤试样进行制备和保存。

◇ 思政目标

- 积极发挥检测操作技术对土壤实验课程的作用。
- 建成国家土壤环境保护体系,使全国土壤环境质量得到明显改善。

任务一　土壤样品的采集、制备和保存

一、实验目的

1. 掌握土壤样品的采集技术、制备技术和保存技术。
2. 掌握土壤样品采集、制备、保存的工具及方法。
3. 熟悉土壤样品采集、制备、保存的注意事项。

二、实验原理

土壤样品的采集是土壤分析工作中的一个重要环节,是关系分析结果和由此得出的结论是否正确的一个先决条件。由于土壤特别是农业土壤的差异很大,采样误差要比分析误差大若干倍,因此必须十分重视采集具有代表性的样品。此外,应根据分析目的和要求采用不同的采样方法和处理方法。

三、工具设备

1. 土壤样品采集工具
(1)军工铲

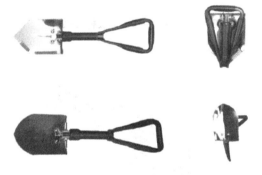

实训图 7.1　军工铲

(2)直压式半圆槽钻

实训图 7.2　直压式半圆槽钻

采样直径 3 cm,一次采样长度 20、50、100、120 cm。

(3)劈裂式土壤采样器

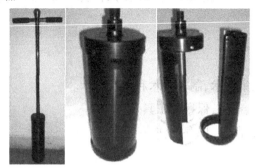

实训图 7.3　劈裂式土壤采样器

采样深度 2 m,采样直径 10 cm,采样长度 30 cm。

(4)手柄、扩展杆、尼龙锤

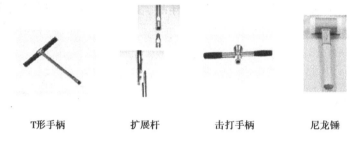

T 形手柄　　　　扩展杆　　　　击打手柄　　　　尼龙锤

实训图 7.4　手柄、扩展杆、尼龙锤

(5)洛阳铲

实训图 7.5　洛阳铲

采样直径 5 cm、一次采样长度 20 cm,单点采样。

不锈钢采样管内置内配工程塑料切割头,保证所采样品不与金属接触。

实训图 7.6　切割头

（6）样品瓶

用途:测挥发性有机物土壤样品保存。

描述:该样品瓶是为本次土壤普查专门设计生产。250 mL、棕色玻璃材质、磨口、螺口瓶盖带有聚四氟乙烯衬垫。

实训图 7.7　样品瓶

2.土壤样品制备工具

实训图 7.8　土壤样品制备工具

（1）玛瑙研钵

用途:研磨土样。

规格:玛瑙材质,直径 10 cm。

实训图 7.9　瓷研钵和玛瑙研钵

（2）尼龙筛

用途:土壤重金属分析前处理筛样。

规格:中 200 mm×50 mm、不同目数。

实训图 7.10　尼龙筛

（3）不锈钢筛

用途：土壤样品筛分。

规格：中 200 mm×50 mm、不同目数。

实训图 7.11　不锈钢筛

四、实验步骤

1. 土壤样品采集技术

（1）制订采样计划

按照《全国土壤污染状况调查总体方案》和省级实施方案的要求，制订详细采样计划。内容包括任务部署、人员分工、时间节点、采样准备、采样量和份数、样品交接和注意事项等。

（2）采样准备

采样准备主要包括组织准备、技术准备和物资准备。

1）组织准备

野外采样必须组建采样小组：

①采样小组最少由 3 人组成，要指定作风严谨、工作认真的专业技术人员为组长，组长为现场记录审核人。

②采样小组成员应具有相关基础知识；采样小组内部要分工明确、责任到人、保障有力。

③采样前要经过培训，以便对采样中的关键问题有统一的标准和认识。

2）技术准备

为了使采样工作能顺利进行，采样前应进行以下技术准备：

①掌握布点原则，熟读点位分布图。

②掌握交通图、土壤类型图、地形图。

③了解采样点所在区农田施肥灌水及污染源分布等基本情况。

④ GPS 校准，手持采样终端和便携式打印机调试。

3）物资准备

土壤样品采集器具一般分为工具类、器具类、文具类、防护用品以及运输工具等。

①工具类：铁铲、镐头、取土钻、螺旋取土钻、木/竹铲以及适合特殊采样要求的工具等。

②器具类：GPS、手持采样终端、便携式打印机、数码照相机、卷尺、便携式手提秤、样品袋（布袋和塑料袋）、普通样品瓶、密封样品瓶（带聚四氟乙烯衬垫棕色磨口玻璃瓶或带密封垫的螺口玻璃瓶）、运输箱等。

③文具类：土壤样品标签、点位编号列表、土壤比色卡、剖面标尺、采样现场记录表、铅笔、签字笔、资料夹、用于围成漏斗状的硬纸板等。

④防护用品：工作服、工作鞋、安全帽、雨具、常用(防蚊蛇咬伤)药品、口罩等。

⑤运输工具：采样用车辆及车载冷藏箱。

(3)使用手持采样终端

采样人员通过手持终端接收采样任务、导航定位找点、填报现场记录表、现场打印样品标签、拍摄采样现场照片、保存和上传采样信息。

(4)采样点确认

采样人员到达目标点位后，必须观察其是否符合土壤采样的代表性要求，在允许范围内优选采样点，位移距离一般不超过50 m。陡坡地、低洼积水地、住宅、道路、沟渠、粪坑附近等不宜设采样点。

对重点行业企业影响区内的采样点，必须先现场核准企业位置，如企业位置有较大偏差，需要根据《农用地土壤污染状况详查点位布设技术规定》的有关技术要求，调整采样点位置，通过手持采样终端记录实际点位坐标，并说明原因，原则上采样点数目不得减少。当现场发现调查企业不存在时，及时上报备案。

(5)采样方法

采样方法分为表层采样、深层采样。

1)土壤表层采样

①土壤无机样品：采集表层混合样品(采用双对角线法,5点混合)。

②土壤有机样品：采集表层单独样品。

③当遇特殊地块或有指定要求时，可依据具体情况选用其他混合样品采集方法。

2)土壤深层采样

使用专门的取土钻等深层采样工具单点取样，当取样中遇有碎石较多时，可在附近另行掘进取样或采取人工开挖的办法采集样品。采集过程中应防止上层土壤的混入。样品应自规定的起始深度以下连续采10~50 cm长的土柱，应避免采集基岩风化层，若符合要求的土层太薄或达不到规定深度时，应同点位多次取样，土壤样品总量应不少于1 000 g。

采样深度要求如下：

①平原、盆地及黄土高原采样深度应达到150 cm以下。

②山地丘陵区采样深度应达到120 cm以下。

③西部及高寒山区、干旱荒漠、岩溶景观区等地区采样深度应达到100 cm以下。

④在规定采样深度地区内，当出现局部采样网格经多处采样仍达不到采样深度时，可根据土壤实际深度采样，并作出标记，记录采样情况。

3)采样工具清理

每完成一个点位采样工作后，必须及时清理采样工具，避免交叉污染。

(6)土壤样品

①单独样品：有机样品必须采集单独样。取0~20 cm土壤，先用铁铲切割一个大于取土量的20 cm高的土方，再用木(竹)铲去掉铁铲接触面后装入样品袋。注意不要斜向挖土，要尽可能做到取样量上下一致。

一般用250 mL棕色密封样品瓶装样；为防止样品沾污瓶口，可用光洁硬纸板围成漏斗状，将样品装入样品瓶中；样品要装满样品瓶；样品采集后应及时放入样品冷藏箱,4 ℃以下避光保存。需采集有机密码平行样的样点,应在同点位采集。地方可根据实验室分析测试需要在同点位增加采样份数。

②混合样品:采样点位确定后,根据实际情况划定采样区域,一般为 20 m×20 m。当地形地貌及土壤利用方式复杂时,可视具体情况扩大至 100 m×100 m,坐标位置不变。采用双对角线法 5 点采样,每个分样点采样方法与单独样品采集方法相同,5 点采样量基本一致,共计采样量不少于 1 500 g。需采集无机密码平行样的样点,总量不少于 2 500 g,在样品初步制备阶段需增制两份密码平行样。可根据实验室分析测试需要在同点位增加采样量。当土壤中砂石、草根等杂质较多或含水量较高时,可视情况增加样品采样量。

(7)采样记录

采样小组应在手持终端上现场录入、保存、上传样品采集信息,包括土壤样品信息、实际采样经纬度、采样现场照片等,并采用手持终端连接的蓝牙打印机现场打印带有二维码的样品标签,每份样品打印 2 份样品标签。采样小组返回驻地后应备份并打印当天采集样品的现场记录表(实训表7.1),经采样人员签字后留存。因故不能正常使用样品采集手持终端时,应填写纸质现场记录表,并用数码照相机拍摄采样现场照片。相关数据应及时录入手持终端。

实训表 7.1　土壤现场采样记录表

项目编号

采样地点		市/区　　　　县/市/区　　　　乡/镇　　　　村				
采样		年　月　日		天气情况	□晴天	□阴天
样品编号				采样深度/cm		
经纬度		东经:　　　　　北纬:		海拔/cm		
定位仪	型号		土地利用/作物类型	□耕地(□旱地、□水田)□林地 □草地 □其他:_____		
	编号			□小麦 □水稻 □玉米 □豆类 □蔬菜 □其他:_____		
灌溉水类型		□地表水 □地下水 □污水 □其他:_____				
地形山貌		□山地 □平原 □丘陵 □沟谷 □岗地 □其他:_____				
土壤类型		□红壤 □黄壤 □黄棕壤 □山地黄棕壤 □棕壤 □暗棕壤 □草甸土 □紫色土 □石灰土 □潮土 □水稻土 □其他:_____				
土壤质地		□砂土 □壤土 □黏土				
土壤颜色		□黑 □暗栗 □暗棕 □暗灰 □栗 棕 □灰 □红棕 □黄棕 □浅棕 □红 □橙 □黄 □浅黄 □其他:_____				
土壤湿度		□干潮 □重潮 □极潮 □湿				
采样点周边信息 (1 km 内)		正东:□居民点 □厂矿 □耕地 □林地 □草地 □水域 □其他:_____				
		正南:□居民点 □厂矿 □耕地 □林地 □草地 □水域 □其他:_____				
		正西:□居民点 □厂矿 □耕地 □林地 □草地 □水域 □其他:_____				
		正北:□居民点 □厂矿 □耕地 □林地 □草地 □水域 □其他:_____				

续表

采样点照片编号	采样前：_____ 采样后：_____ 东侧：_____ 西侧：_____ 南侧：_____ 北侧：_____	样品质量/kg	
采样工具	工具:□铁铲 □土钻 □木铲 □竹片 □其他:_____ 容器:□布袋 □聚乙烯袋 □棕色磨口瓶 □玻璃瓶 □其他:_____		
备注			

采样人员：　　　　　　　　　　　　　　　　　　　　　　　　　　第 页 共 页

（8）样品分装

①土壤无机样品:采集土壤样品先装入塑料袋,在塑料袋外粘贴一份样品标签,再将装有土壤样品的塑料袋放入布袋,在布袋封口处系上另一份样品标签。在无机质控点位采集的两份密码平行样,由手持终端在样品初步制备时分别生成两份不同的样品编码。

②土壤有机样品:采集土壤样品先装入棕色密封样品瓶,在瓶外粘贴一份样品标签,再将样品瓶放入塑料袋内,在样品瓶与塑料袋之间放入另一份标签。在有机质控样点采集的两份密码平行样,由手持终端在采样现场分别生成两份不同的样品编码。

（9）制样场地

根据本地区样品量分设相应数量的风干室和制样室。风干室应通风良好、整洁、无易挥发性化学物质,并避免阳光直射;制样室应通风良好,每个制样工位应作适当隔离。

制样室内应具备宽带网络条件,并安装在线全方位监控摄像头,确保可随时接受国家或省级质控实验室的远程实时检查。

2.土壤样品制备技术

（1）制样工具及容器

①盛样用搪瓷盘、木盘、样品干燥箱等。

②粗粉碎用木槌、木铲、木棒、有机玻璃棒、有机玻璃板、硬质木板、无色聚乙烯薄膜等。

③细磨样用玛瑙球磨机、玛瑙研钵、瓷研钵等。

④尼龙筛,规格为0.15~2 mm。

⑤磨口玻璃瓶、聚乙烯塑料瓶、纸袋等分装容器,规格视样品量而定。应避免使用含有待测组分或对测试有干扰的材料制成的容器盛装样品。

⑥手持终端、打印机、标签纸、电子天平、原始记录表。

（2）样品制备

样品制备过程要尽可能使每一份测试样品都是均匀地来自该样品总量。

1）土壤无机样品

①风干（烘干）

在风干室将土样放置于盛样用器皿中,除去土壤中混杂的砖瓦石块、石灰结核、动植物残体等,摊成2~3 cm的薄层,经常翻动。半干状态时,用木棍压碎或用两个木铲搓碎土样,置阴凉处自然风干。在北方干燥地区可以采用挂袋风干的方式。土壤样品也可以采用土壤样品烘干机烘干,温度控制在(35±5)℃至烘干为止。

②粗磨

在制样室将风干的样品倒在有机玻璃板上,用木槌碾压,用木棒或有机玻璃棒再次压碎,拣出杂质,细小已断的植物须根,可采用静电吸附的方法清除。将全部土样手工研磨后混匀,过孔径 2 mm 尼龙筛,去除 2 mm 以上的砂粒(若砂粒含量较多,应计算它占整个土样的百分数),大于 2 mm 的土团要反复研磨、过筛,直至全部通过。过筛后的样品充分搅拌、混合直至均匀。

粗磨样品包括送检样品(500 g,盛装份数由各地自行确定)、国家样品库样品 1 份(250 g)、省级样品库样品 1 份(250 g)和流转中心留存备用样品 1 份(250 g)。需制备无机密码平行样的样品要另外分装两份送检样品(各 500 g)。样品制备过程应确保每一份测试样品的均匀性。

③细磨

用玛瑙球磨机(或手工)研磨到土样全部通过孔径 1 mm 的尼龙筛,四分法弃取,保留足够量的土样、称重、装瓶备分析用。剩余样品继续研磨至全部通过孔径 0.15 mm(100 目)尼龙筛,四分法弃取,装瓶备分析用。土壤样品制备原始记录表见实训表 7.2。

实训表 7.2　土壤样品制备原始记录表

风干方式		□自然风干　　□设备风干	仪器名称:　　仪器编号:
研磨方式		□手工研磨　　□仪器研磨	仪器名称:　　仪器编号:
样品分装		□样品袋(材质:＿＿＿) □样品瓶(材质:＿＿＿)	
样品数量/个		2 mm＿＿＿　0.25 mm＿＿＿　1 mm＿＿＿　0.15 mm＿＿＿　0.075 mm＿＿＿	
序号	样品编号	质量/g	
1		2 mm＿＿＿　0.25 mm＿＿＿　1 mm＿＿＿　0.15 mm＿＿＿　0.075 mm＿＿＿	
2		2 mm＿＿＿　0.25 mm＿＿＿　1 mm＿＿＿　0.15 mm＿＿＿　0.075 mm	
3		2 mm＿＿＿　0.25 mm＿＿＿　1 mm＿＿＿　0.15 mm＿＿＿　0.075 mm	
4		2 mm＿＿＿　0.25 mm＿＿＿　1 mm＿＿＿　0.15 mm＿＿＿　0.075 mm	
5		2 mm＿＿＿　0.25 mm＿＿＿　1 mm＿＿＿　0.15 mm＿＿＿　0.075 mm	
6		2 mm＿＿＿　0.25 mm＿＿＿　1 mm＿＿＿　0.15 mm＿＿＿　0.075 mm	
7		2 mm＿＿＿　0.25 mm＿＿＿　1 mm＿＿＿　0.15 mm＿＿＿　0.075 mm	
8		2 mm＿＿＿　0.25 mm＿＿＿　1 mm＿＿＿　0.15 mm＿＿＿　0.075 mm	
9		2 mm＿＿＿　0.25 mm＿＿＿　1 mm＿＿＿　0.15 mm＿＿＿　0.075 mm	
10		2 mm＿＿＿　0.25 mm＿＿＿　1 mm＿＿＿　0.15 mm＿＿＿　0.075 mm	
11		2 mm＿＿＿　0.25 mm＿＿＿　1 mm＿＿＿　0.15 mm＿＿＿　0.075 mm	
12		2 mm＿＿＿　0.25 mm＿＿＿　1 mm＿＿＿　0.15 mm＿＿＿　0.075 mm	
13		2 mm＿＿＿　0.25 mm＿＿＿　1 mm＿＿＿　0.15 mm＿＿＿　0.075 mm	

续表

序号	样品编号	质量/g
14		2 mm____ 0.25 mm____ 1 mm____ 0.15 mm____ 0.075 mm____
15		2 mm____ 0.25 mm____ 1 mm____ 0.15 mm____ 0.075 mm____

注:样品粒径与筛网目数的对应关系为:2 mm-10 目,1 mm-14 目,0.25 mm-60 目,0.15 mm-10 目,0.075 mm-200 目。

④混匀

需要仔细混匀,混得越均匀,样品的代表性越强。过 2 mm 筛下的样品全部置于有机玻璃板或无色聚乙烯膜上,充分搅拌、混合直至均匀。可采用以下 3 种方式混匀:

a. 堆锥法:将土样均匀地顶端倾倒,堆成一个圆锥体,重复 5 次以上。

b. 提拉法:轮换提取方形聚乙烯膜的对角一上一下提拉,重复 5 次以上。

c. 翻拌法:用铲子进行对角翻拌,重复 5 次以上。

根据情况可同时采用多种方法进行混匀,必须保证充分混匀后才能进行分装,以保证样品的代表性。

2)注意事项

①样品风干(烘干)、磨细、分装过程中样品编码必须始终保持一致。

②制样所用工具每处理一份样品后清理干净,严防交叉污染。

③定期检查样品标签,严防样品标签模糊不清或丢失。

④对严重污染样品应另设风干室,且不能与其他样品在同一制样室同时过筛研磨。

⑤充分混合均匀。在样品混匀后分装前,将充分混匀的土样堆成圆锥状,然后将土样平铺,接着对土样进行对角线式取样,取出 5 个样品进行相关理化指标的测试,依据测定结果的平行性以检查样品的均匀性。

3. 土壤样品保存技术

(1)样品保存

样品保存主要包括实验室样品保存和长期样品保存。

1)实验室样品保存

实验室预留样品在样品库造册保存;分析取用后的剩余样品,待测定全部完成数据报出后,移交样品库保存,无机分析取用后的剩余样品一般保留半年,预留样品一般保留两年。无机样品制备前需存放在阴凉、避光、通风、无污染处;有机分析项目新鲜土壤样品采集后,应在 4 ℃以下避光运输和保存,必要时进行冷冻保存。

2)长期样品保存

当土壤样品需要长期保存时,一般要建立专门土壤样品库。土壤样品库建设以安全、准确、便捷为基本原则。其中,安全包括样本性质安全、样本信息安全、设备运行安全;准确包括样本信息准确、样本存取位置准确、技术支持(人为操作)准确;便捷包括工作流程便捷、系统操作便捷、信息交流便捷。储存样品应尽量避免日光、潮湿、高温和酸碱气体等的影响。有机分析样品不宜长期保存。

（2）样品库土壤样品标签

实训表7.3　样品库土壤样品标签

样品编号：		
采样地点：　省　　市　　县（区）　　乡（镇）　　村		
经纬度（　°）：　　　　东经：　　　　　北纬：		
采样深度：　　cm	土壤类型：	
土地利用类型：□耕地□园地□牧草地□其他		
采样人员：	采样日期： 　　年　月　日	

任务二　土壤有机质含量的测定

一、目的要求

土壤有机质含量是衡量土壤肥力的重要指标,对了解土壤肥力状况,进行培肥、改土有一定的指导意义。

通过实验了解土壤有机质测定原理,初步掌握测定有机质含量的方法及注意事项。能比较准确地测出土壤有机质含量。

二、方法原理

在加热条件下,用稍过量的标准重铬酸钾-硫酸溶液,氧化土壤有机碳,剩余的重铬酸钾用标准硫酸亚铁(或硫酸亚铁铵)滴定,由所消耗标准硫酸亚铁的量计算出有机碳量,从而推算出有机质的含量,其反应式为

$$2K_2Cr_2O_7+3C+8H_2SO_4 \longrightarrow K_2SO_4+2Cr_2(SO_4)_3+3CO_2+8H_2O$$
$$K_2Cr_2O_7+6FeSO_4+7H_2SO_4 \longrightarrow K_2SO_4+Cr_2(SO_4)_3+3Fe_2(SO_4)_3+8H_2O$$

用 Fe^{2+} 滴定剩余的 $K_2Cr_2O_7{}^{2-}$ 时,以邻菲罗啉($C_2H_8N_2$)为氧化还原指示剂,在滴定过程中指示剂的变色过程如下:开始时溶液以重铬酸钾的橙色为主,此时指示剂在氧化条件下,呈淡蓝色,被重铬酸钾的橙色掩盖,滴定时溶液逐渐呈绿色(Cr^{3+}),至接近终点时变为灰绿色。当 Fe^{2+} 溶液过量半滴时,溶液则变成棕红色,表示颜色已到终点。

三、仪器试剂

1.仪器用具

硬质试管(18 mm×180 mm)、油浴锅、铁丝笼、电炉、温度计(0 ~ 200 ℃)、分析天平(感量0.000 1 g)、滴定管(50 mL)、移液管(5 mL)、漏斗(3 ~ 4 cm),三角瓶(250 mL)、量筒(10 mL、100 mL)、吸水纸。

2. 试剂配制

(1)0.133 3 mol/L 重铬酸钾标准溶液　称取经过 130 ℃烘烧 3 ~ 4 h 的分析纯重铬酸钾 39.216 g,溶解于 400 mL 蒸馏水中,必要时可加热溶解,冷却后加蒸馏水定容到 1 000 mL,摇匀备用。

(2)0.2 mol/L 硫酸亚铁($FeSO_4 \cdot 7H_2O$)或硫酸亚铁铵溶液　称取化学纯硫酸亚铁 55.60 g 或硫酸亚铁铵 78.43 g,溶于蒸馏水中,加 6 mol/L H_2SO_4 1.5 mL,再加蒸馏水定容到 1 000 mL 备用。

(3)硫酸亚铁溶液的标定　准确吸取 3 份 0.133 3 mol/L $K_2Cr_2O_7$ 标准溶液各 5.0 mL 于 250 mL 三角瓶中,各加 5 mL 6 mol/L H_2SO_4 和 15 mL 蒸馏水,再加入邻菲罗啉指示剂 3 ~ 5 滴,摇匀,然后用 0.2 mol/L $FeSO_4$ 溶液滴定至棕红色为止,其浓度计算为

$$c = \frac{6 \times 0.133\ 3 \times 5.0}{V}$$

式中:c——硫酸亚铁溶液摩尔浓度,mol/L;

V——滴定用去硫酸亚铁的体积,mol;

6——6 mol $FeSO_4$ 与 1 mol $K_2Cr_2O_7$ 完全反应的摩尔系数比值。

(4)邻菲罗啉指示剂　称取化学纯硫酸亚铁 0.659 g 和分析纯邻菲罗啉 1.485 g 溶于 100 mL 蒸馏水中,储于棕色滴瓶中备用。

(5)硅油 2.5 kg。

(6)6 mol/L 硫酸溶液　在 2 体积水中加入 1 体积浓硫酸。

(7)浓 H_2SO_4 化学纯,密度 1.84 g/cm^3。

四、操作步骤

1. 准确称取通过 60 号筛的风干土样 0.100 0 ~ 0.500 0 g(称量多少依有机含量而定),放入干燥硬质试管中,用移液管准确加入 0.133 3 mol/L 重铬酸钾溶液 5.00 mL,再用量筒加入浓硫酸 5 mL,小心摇动。

2. 将试管插入铁丝笼内,放入预先加热至 185 ~ 190 ℃的油浴锅中,此时温度控制在 170 ~ 180 ℃,自试管内大量出现气泡时开始计时,保持溶液沸腾 5 min,取出铁丝笼,待试管稍冷却后,用吸水纸擦拭干净试管外部油液,放凉。

3. 经冷却后,将试管内容物洗入 250 mL 的三角瓶中,使溶液的总体积达 60 ~ 80 mL,酸度为 2 ~ 3 mol/L,加入邻菲罗啉指示剂 3 ~ 5 滴摇匀。

4. 用标准的硫酸亚铁溶液滴定,溶液颜色由橙色(或黄绿色)经绿色、灰绿色变到棕红色即为终点。

5. 在滴定样品的同时,必须做两个空白试验。取其平均值,空白试验用石英砂或灼烧的土代替土样,其余操作相同。

五、结果计算

$$有机质 = c \frac{(V_0 - V) \times 0.003 \times 1.017\ 2 \times 1.1}{风干样重 \times 水分系数} \times 100\%$$

式中　c——硫酸亚铁消耗摩尔浓度,mol/L;

V_0——空白试验消耗的硫酸亚铁溶液的体积,mL;

V——滴定待测土样消耗的硫酸亚铁的体积,mL;

0.003——1/4 mmol 碳的克数;

1.017 2——由土壤有机碳换算成有机质的换算系数;

1.1——校正系数(用此法氧化率为90%)。

六、注意事项

1. 土壤有机质含量为7% ~15%时,可称取 0.100 0 g;2% ~4%时可称取 0.300 0 g;少于2%时,称取 0.500 0 g 以上。

2. 消煮时计时要准确,因为对分析结果的准确有较大的影响。

3. 对含氯化物多的土壤样品,应加入 0.1 mol/L 左右的硫酸银,以消除氯化物的干扰。

4. 测定石灰性土样时,必须徐徐加入浓硫酸,以防止由碳酸钙分解时激烈发泡而引起飞溅损失样品。

5. 在测定还原性强的水稻土时,把已磨细的样品,摊成薄层风干十余天,使还原性物质充分氧化后再测定。

6. 烧煮完毕后,溶液的颜色为橙黄色或黄绿色。若是以绿色为主,说明重铬酸钾用量不足,在滴定时,消耗硫酸亚铁量小于空白1/3 时,均应弃去重做,因为没有氧化完全。

7. 土壤样品中存留植物根、茎、叶等有机物时,必须用尖头镊子挑选干净。

七、思考题

1. 测定土壤有机质时,加入 $K_2Cr_2O_7$ 和 H_2SO_4 的作用是什么?

2. 为什么在滴定时,消耗的硫酸亚铁量小于空白1/3 时要弃去重做?

3. 为什么重铬酸钾溶液需要用移液管准确加入,而浓硫酸则可用量筒取?

4. 试述滴定时溶液的变色过程,为什么会出现这样的颜色变化?

任务三　土壤样品金属元素溶液制备(酸消解)

一、原理

采用盐酸-硝酸-氢氟酸-高氯酸全分解的方法,彻底破坏土壤的矿物晶格,使试样中的待测元素全部进入试液。

二、试剂

所用的试剂除另有说明外,均使用符合国家标准的分析纯试剂和去离子水或同纯度的水。

1. 盐酸(HCl),p =1.19 g/mL,优级纯。

2. 硝酸(HNO_3),p=1.42 g/mL,优级纯。

3. 硝酸溶液,1+1,用硝酸配制。

4. 硝酸溶液,体积分数为 0.2% ;用硝酸配制。

5. 氢氟酸(HF),$p=1.15$ g/mL。

6. 高氯酸($HClO_4$),$p=1.68$ g/mL,优级纯。

三、分析步骤

试液的制备

准确称取 0.2 ~ 0.5 g(精确至 0.000 2 g)试样于 50 mL 聚四氟乙烯坩埚中,用水润湿后加入 10 mL 盐酸,于通风橱内的电热板上低温加热,使样品初步分解,待蒸发至剩 3 mL 左右时,取下稍冷,然后加入 5 mL 硝酸、5 mL 氢氟酸、3 mL 高氯酸,加盖后于电热板上中温加热。1 h后,开盖,继续加热除硅,为了达到良好的飞硅效果,应经常摇动坩埚。当加热至冒浓厚白烟时,加盖,使黑色有机碳化物分解。待坩埚壁上的黑色有机物消失后,开盖驱赶高氯酸白烟并蒸至内容物呈黏稠状。视消解情况可再加入 3 mL 硝酸、3 mL 氢氟酸和 1 mL 高氯酸,重复上述消解过程。当白烟再次基本冒尽且坩埚内容物呈黏稠状时,取下稍冷,用水冲洗坩埚盖和内壁,并加入 1 mL 硝酸溶液温热溶解残渣。然后将溶液转移至 50 mL 容量瓶中,冷却后定容至标线摇匀,备测。土壤种类较多,所含有机质差异较大,在消解时,要注意观察,各种酸的用量可视消解情况酌情增减。土壤消解液应呈白色或淡黄色(含铁量高的土壤),没有明显沉淀物存在。

注意:电热板温度不宜太高,否则会使聚四氟乙烯坩埚变形。

任务四　土壤样品金属元素溶液制备(碱法)

一、原理

样品用氢氧化钠在高温熔融后,用热水浸取,并加入适量盐酸,使有干扰作用的阳离子变为不溶的氢氧化物,经澄清除去。

二、试剂

(1+1)盐酸溶液、氢氧化钠。

三、仪器

镍坩埚(50 mL)、马弗炉。

四、分析步骤

1. 试液的制备

准确称取样品 0.500 0 g 于 50 mL 镍坩埚中,加入 4 g 氢氧化钠,放入马福炉中加热,由低温升至 550 ℃时,继续保温 20 min。取出冷却,用约 50 mL 刚煮沸的水分几次浸取,直至熔块完全溶解,移入 100 mL 烧杯中,缓缓加入 5 ~ 8 mL 盐酸,不断搅拌,并在电炉上加热至近沸,冷却后将溶液和沉淀物等全部转入 100 mL 容量瓶中,加水稀释至标线,摇匀。放置澄清,取上清液待测。不加样品,按同样的操作步骤制备一份全程序试剂空白溶液。

2.注意事项

(1)用氢氧化钠熔融时,开始温度不宜过高,应逐渐升温,缓缓加热至工作温度。工作温度一般为 500~600 ℃。温度高于 650 ℃对镍坩埚的损害严重。为防止内容物起泡上爬而溢出,宜用容积较大的坩埚。

(2)加入盐酸时,由于反应剧烈,内容物有崩溅的可能,因此操作时应格外小心、谨慎。正确的操作顺序是先用热水浸取,待熔块完全溶解后,全部转入 100 mL 烧杯中,再缓缓加入盐酸,并不断搅拌。

项目九课件　　　　参考答案　　　　拓展阅读

参考文献

［1］王英健,王宝仁.基础化学实验技术［M］.大连:大连理工大学出版社,2011.

［2］周心如,杨俊佼,柯以侃,等.化验员读本化学分析［M］.北京:化学工业出版社,2016.

［3］曹志奎,靳翠萍.现代化工企业化验室筹建［J］.广州化工,2012,40(2):154.

［4］张林田,黄少玉.化学检测实验室内部质量控制方式探讨及结果评价［J］.理化检验(化学分册),2013,49(1):94.

［5］刘崇华,董夫银.化学检测实验室质量控制技术［M］.北京:化学工业出版社,2013.

［6］龚淑贤.武汉市 SO_2 监测的实验室间质量控制［J］.环境科学技术,1992(2):29.

［7］姚守拙.现代实验室安全与劳动保护手册［M］.北京:化学工业出版社,1992.

［8］魏东.灭火技术及工程［M］.北京:机械工业出版社,2012.